（韩）金兰都 李载赫 著

徐建霞 译

因为痛，所以叫青春

김난도의 내일

工作篇

写给正在为工作苦恼的年轻求职者们

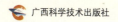
广西科学技术出版社

著作权合同登记号　桂图登字：20-2013-231号

김난도의 내일 FUTURE: MY JOB

By 金兰都，李载赫

图书在版编目（CIP）数据

因为痛，所以叫青春　工作篇/（韩）金兰都，（韩）李载赫著；徐建霞译. 一南宁：
广西科学技术出版社，2014.5

ISBN978-7-5551-0145-1

Ⅰ. ①因… Ⅱ. ①金…②李…③徐… Ⅲ. ①人生哲学—青年读物②职业选择—青年
读物 Ⅳ. ①B821-49③C913.2-49

中国版本图书馆CIP数据核字（2014）第031839号

YINWEI TONG, SUOYI JIAO QINGCHUN　GONGZUO PIAN
因为痛，所以叫青春　工作篇

作　　者：[韩]金兰都　李载赫　　　　　译　者：徐建霞
责任编辑：姚越华　　　　　　　　　　　封面设计：古涧文化
版式设计：谢玉恩　　　　　　　　　　　责任印制：陆　弟
责任审读：张桂宜　　　　　　　　　　　责任校对：曾高兴　田　芳
版权编辑：周　琳　　　　　　　　　　　产品监制：陈恒达

出 版 人：韦鸿学　　　　　　　　　　　出版发行：广西科学技术出版社
社　　址：广西南宁市东葛路66号　　　　邮政编码：530022
电　　话：010-53202557（北京）　　　　0771-5845660（南宁）
传　　真：010-53202554（北京）　　　　0771-5878485（南宁）
网　　址：http://www.ygxm.cn　　　　　在线阅读：http://www.ygxm.cn

经　　销：全国各地新华书店
印　　刷：北京尚唐印刷包装有限公司　　邮政编码：100162
地　　址：北京市大兴区西红门镇曙光民营企业园南8条1号
开　　本：880mm×1240mm　　1/32
字　　数：140千字　　　　　　　　　　印　张：7
版　　次：2014年5月第1版　　　　　　 印　次：2014年5月第1次印刷
书　　号：ISBN 978-7-5551-0145-1
定　　价：35.00元

全球正经历一场
青年失业
风暴

2013 年 5 月份欧盟成员国 25 岁以下的青年失业人数为 550 万人，
青年失业率约为 23%。
其中希腊青年失业率最高，达 59.2%，
西班牙为 56.5%，
葡萄牙为 42.1%，
意大利为 38.5%，
德国最低，也有 7.6%。
根据美国劳工部的数据，
目前美国 25 岁以下年轻人失业率高达 16%，
为整体劳动力人口失业率的两倍多。

摘自 2013—07—16《中国劳动保障报》《青年就业——全球共同的难题》

2000~2013 年

中国高校毕业生总人数分别为

2000 年 107 万

2001 年 115 万

2002 年 145 万

2003 年 212 万

2004 年 280 万

2005 年 335 万

2006 年 413 万

2007 年 495 万

2008 年 550 万

2009 年 611 万

2010 年 630 万

2011 年 660 万

2012 年 680 万

2013 年 **699 万**

为了拥有美好的未来，
无数年轻人在问：
"要怎样做才能拥有属于我的职业，我的明天？"
这本书就是我对于这一深远问题的回答。
——金兰都

寻找只属于自己的职业

寻找只属于自己的职业。这真的不是一句空泛的口号。这是就业市场发生巨大变革的时代，每个职场人，特别是年轻人必须做出的选择。

当前我们社会直面的核心问题是福利、教育、经济和青年群体的走向，而要解决这些难题，归根结底，还是就业问题，即要解决"如何创造更多工作机会，实现更好就业"这个问题。全世界的年轻人都在因找不到工作而备受挫折，大学生毕业就失业的现象屡见不鲜，低收入、无保障的打零工一族日益增多……

早在完成第一部随笔集《因为痛，所以叫青春》时，我便深切感受到就业这一问题的严峻性，正如书中所说的"鸡蛋从内部自然破裂是生命的奇迹，而被外力打破就只能沦为食物"，我坚信每个职场人都应该寻找一份只属于自己的职业，而不是随便找个工作。基于此，我开始了对就业趋势和对策的研究。

其间，我向很多青年提出过问题，询问他们究竟该如何明确这独一无二的"我的职业"。在读者来信中，我被问到最多的，学生们进行职业规划时最想得到解答的都是关于"我的职业"这个问题。

"老师，我不知道我想干什么，也不知道未来做什么工作比较适合自己……"——这是他们普遍的困惑。对此，作为一名教书育人的老师、一个研究消费趋势的学者，我希望通过一本书深入探讨这个问题。为此，我做了一年多的深入研究。2012年初春，我见到了KBS全景部的制片人李载赫。经过反复探讨，我们得出如下共识：当今社会，就业已成为全球最热门的焦点问题，但关于这个问题，无论是在政策上还是学术研究上都没有很好的指导。立足于"我的职业"的概念，我们最终决定进行本书的创作，同时开发一档预测性实录电视节目——在现有新型案例和对未来指向性趋势预估的基础上。

　　我们要做的是，从未来趋势的角度彻底地探索和分析就业市场，概括来讲就是预测未来，即以全球化的视野，彻底分析"就业市场未来都有哪些趋势"和"要寻找到只属于自己、最适合自己的职业，需要制定怎样的战略"。

　　为了寻找这两个问题的答案，世界各国的年轻人做出了各种探索。纵观各国现状，许多年轻人正在蹉跎岁月，将大把大把的时间花费在看不到希望的未来中。我到过亚洲和欧洲的10多个国家，在这些国家不断变化的就业市场中，到处可见正在寻找工作的年轻人，有的因工作而疲惫不堪，有的因工作而幸福快乐……他们在社会中久经历练，渺茫的希望和巨大的挫折不断交替——我们对年轻人这样波动的日常生活状态进行了翔实的记录。最后，我们意外地发现，正是那些坚持不懈、努力奋斗的年轻斗士一点点改变了世界就业市场的版图。

本书中，涉及年轻人想寻找的理想的工作、好工作的时候，我将尽量避免用"工作"这个字眼，而用"我的职业"代替，因为"工作"一词已被用滥，难以表达积极的意义。在我眼里，所谓的好工作并不是简单的哪个工作好，在哪个职业圈就职的问题，而是要首先认真地思考并回答"为什么工作""什么是好工作""什么样的工作最能实现自我价值""怎么找到好工作""怎么好好工作" 这几个问题，然后我们才能通过自己的努力找到真正"只属于自己、最适合自己的职业"。

我在《因为痛，所以叫青春》中曾提到：如果存在一本能够解答"为什么工作能够引领生活"这样疑问的书，那么此书必然会告诉我们为了工作该"如何做"，并且作出实质性的回答。

现在是回答这个问题，并做出相应改变的时候了，改变长时间与工作敌对的状态，改变原来一成不变的思维模式，用全新的思维角度，用饱满的劲头，去寻找和创造只属于自己、最适合自己的能从事一生的职业，而不是满足于找到一份只够养家糊口的"工作"。

社会在不断变化，随着时间的流逝，就业市场也必然会发生令人瞩目的新气象。这个时代，编剧开始变得最受追捧；这个时代，银行职员和教师成为所有年轻人的梦想职位；这个时代，人力车夫和木工再次复兴；也是在这个时代，律师和医生从金饭碗的象征，也面临找不到合适工作的困境……"好职业"一年不同一年，就业市场似乎也存在这样那样的流行趋势。

　　在这些流行趋势中，有六种就业趋势特别明显，它们的首字母组合在一起恰好构成英文单词"FUTURE"（未来），代表了就业市场未来的发展方向；同时，通过梳理这些全球化的就业趋势，我们整理出寻找理想工作的五大策略，它们的首字母组合在一起，恰好构成英文词"MY JOB"（我的职业）。这六种趋势和五大策略，将帮助正在寻找"我的职业"的青年们开阔视野，增强信心，并成为他们衡量未来职业竞争力的标准。

　　这十一个关键词并不是单靠文献调查或直观取材得出的。首尔大学生活科学研究所消费趋势分析中心的研究人员一直在研究韩国的变化趋势，并每年出版《韩国趋势》系列丛书，这十一个关键词也是研究人员通过科学的研究方法对追踪得到的数据进行研究后得出的科学分析结论。

　　此书既是一本已找到工作的快乐青年现在和未来的分析实录，也是一本帮助尚在路上的疲惫青年找到"我的职业"并最终成为合格职场达人的指导用书。此书同时还提供了一部分个人发展规划。

为了完成具有创新性的图书和电视纪录片，首尔大学消费趋势分析中心和KBS全景部门的众多研究人员不辞辛苦。在此非常感谢首尔大学趋势分析中心的权美迎博士和金淑英、徐银珍、崔智惠、李启延、张莉莉、李日勋研究员；感谢不断从KBS收集和整理各种资料的全夏燕、池娴淑、李珍珠作家；感谢为了达到真实拍摄效果而不懈努力的郑希灿、朴大根、云浩摄像师；感谢负责所有拍摄过程的李东焕FD [1]。在此特别感谢赵米贤作家，他将收集到的散乱和复杂的资料进行了系统化整理，对本书的执笔帮助很大，再次感谢。如果没有以上各位的帮助，就不会有现在如此精致翔实的书籍和电视纪录片。每个人的辛苦付出为想要实现梦想的人们提供了更好的蓝图，展示了这个社会力争创造更多就业职位的美好愿景。

　　伟大的变革已经开始。青年们，从现在开始，为寻找只属于你自己、最适合自己的职业而努力奋斗吧。

2013年6月

---

❶ FD，是 Floor Director的缩写，舞台/场地监督，类似于中国的剧务、场务。

↓目 录

第一部分

FUTURE 工作的未来

第二部分

MY JOB 我的事业

我们为什么工作

现代社会，人终其一生离不开一份工作，人们靠它养家糊口，正如印度经济学家纳兰德拉·贾达夫在《信徒抛弃的人们》中说的：没有便很痛苦，拥有便很辛苦。没有工作痛苦着的人们和有了工作辛苦着的人们一样都在忙碌，日复一日，年复一年。可是，忙碌之余，我们是否有那么几分钟停下来思考一下：我们为什么这么忙碌，我们为什么工作。

没有便很痛苦，拥有便很辛苦

在韩国，仅过去一年大学毕业生的数量就有56万，高中毕业生达到了63万。大学毕业生中有29万成功就业，高中毕业生中除了升入大学的45万名学生，仅有5万毕业生找到工作。而在这些成功就业的毕业生中，就职于稳定性较强和收入待遇较高的大型企业和国营企业的少之又少。不少青年面临失业的困境。事实上，不仅年轻人面临失业的困境，以职场退休女性为代表的一些中老年阶层也面临这样的问题。

工作并不只是为了金钱和生计，它还关系到人的自我价值和尊严，所以长期失业会使人们丧失灵魂。由于招聘会不断减少，求职者遇到了更多的难题。即便成功就业，因工作而产生的困扰仍然会源源不断地出现。每天早晨努力睁开困乏的双眼挣扎着去上班；到了工作单位跑前跑后，与其他公司展开激烈的博弈，为了生存采用各种方法使自己在职场中不被淘汰；在面对拥挤的交通现状时，又不得不做好下班的心理准备；到了加班时间，再度与疲劳鏖战……每个月的每一天都重复着这样的工作节奏，只有这样银行账户才能够出现令自己满意的数字，然而第二天各种原因的支出又使那个数字化整为零。辛苦劳动的回报直接体现在工资账户上，而这个账户上的数字却只能短暂地显示一下。

许多职场人士认为工作并不是为了实现自我价值，而是获得一种顺利度过人生时光的安全感。然而，职场工作消耗人们大部分时间，这恰恰给我们造成了巨大压力和不安全感。没有便很痛苦，拥有便很辛苦。人到底为什么工作呢？难道工作就像达摩克利斯剑高悬头顶，时时威胁我们？对于我们来说，工作到底是什么呢？我们为什么工作？

工作是我们注定背负的业吗

印度被视为神佛的国度，拥有10多亿人口，其中80%以上是印度教徒。就像人们信奉各种各样、形态万千的神佛一样，印度也有着多种多样的工作：职业掏耳师、清洗工、手机租赁工、教员……他们甚至认为乞讨也是一种工作。相关调查结果显示，大约50%的印度人从小便想象着自己未来的工作，而在美国和英国这样的发达国家，这个数字分别只有29%和21%。印度人对工作的态度与别的国家不一样，他们把工作奉为天职。

在印度教徒看来，工作的目的并不是追求钱财，而是一种宗教信仰。印度教中有一个字是"业"。什么是业？印度教徒坚信今生是前世的结果，也是下辈子的预言，所以他们将自己的身份和职业归结为业的结果。在印度，职业就是宿命，工作就是修行。虽然时代在发生变化，但印度人依旧认为一个人从出生时他未来的职业便已经被决定了。而且他们认为如果这一生努力工作、修行的话，下辈子便会投胎更好的命运。由于工作的贵贱完全代表了一个人的宿命，所以对于他们来说"我的职业"是任何人都不可替代的。真的是这样吗？最近西方社会的核心话题是"如何协调工作和生活"，这一点在印度得到了充分体现。当被问及"工作所得能否满足当下的生活"时，60%以上的印度国民会回答"基本上可以"，即便这些人中不少面临极其困难的生活。而韩国国民面对这样的问题时只有19%的国民回答满意。（根据路透社发表的2012年对世界上24个国家的调查资料）

从调查结论看，印度人对工作和生活的满意度颇高，印度似乎是一个和谐发展的国家，但是稍作分析就会发现，印度社会的两极分化现象正日益加剧，尤其是被称为"贱民"的最低阶层成为了被特殊对待和遭到歧视的群体，他们甚至不得不根据规定擦干净他们走路时所留下的脚印，因为"贱民"的字面意思就是肮脏。虽然印度早在1947年就废除了种姓制度，但陈俗旧习根深蒂固，很难像废除的法律条文一样立刻从民众的脑海中消失掉。直至今日，毫无尊严的贱民阶层仍占全印度总人数的15%，这意味着约有1.7亿的印度人依然深陷种姓制度的泥沼。

但即便在这样的人群中，也有人坚信，没有人一出生就注定是丑小鸭。他们中的代表就是具有国际名声的经济学家纳兰德拉·贾达夫博士，他虽出生于印度种姓制度中最低贱的等级，但却冲破种姓制度的所有藩篱，成为印度中央银行的首席经济学家兼首席顾问，他还成为印度下届总统候选人。成名后，贾达夫仍不遗余力地奔走在完全废除种姓制度的前线，印度人尊称他为"生活的贤人"。正如他在《信徒抛弃的人们》中指出的：没有人一出生便注定是丑小鸭。他说："我认为成功主要靠潜力来实现，世上没有无用之才，每一个人都拥有无穷的潜能，就像童话故事《丑小鸭》一样。但可惜的是，在印度'种姓'社会制度里，很多人从出生到死亡都只甘做一只丑小鸭，浪费了一生的时间，其实他不知道某一天自己也有可能变成白天鹅。"世上任何一个人生来都不是丑小鸭，贾达夫要改变的并不只是自己出生时的贱民身份，还有无数丑小鸭心中心甘情愿和委曲求全的想法。

重新思考工作的意义

　　人是会思考的动物。正如法国作家布尔热所言：思想因人而存在。我们从小便认为工作本身就是生活的最终目标，每当大人们问到"你的梦想是什么"时，他们问的并不是"你要成为有什么个性与价值观的人"，而是"你想要做什么样的工作"。每个人一生中都有很多次被问到"你长大后想做什么"，而这个长大后想做的工作便成为了人们努力的目标。可是因为并不知道为什么要追求这个目标，所以他们在职场生活中感受到的并不是快乐与满足，相反更多的是不安和疲劳。他们不知道高速产业化的资本市场对就业意味着什么，但最近的经济危机导致的大量失业现象促使人们开始重新考虑工作的意义。我们发现，即使面临经济困境，相比金钱和地位，仍有很多人关注的是工作能否帮助他们实现梦想。根据"你认为工作最重要的目的是什么"展开的调查显示，排在第四位的是金钱，排在第一位的是"为了获得幸福感"。如果改变提问方式的话，比如问"当前促使你想参加工作的动机是什么"，说不定金钱会排在第一位，但是人们依旧希望能够从目前的工作中获得幸福。现在，我们所有人都应该认真地回答下面的问题：

贫乏的现实生活的出口在哪里？能让我获得幸福的工作在哪里？

学会享受你的工作

职场环境虽然动荡，但是理想的职业却会给你带来安全感和稳定感。所以，对于即将开始职场生涯的你来说，希望你能够找到一个符合自己生活追求的职业成就此生，而不是在动荡的职场里工作二三十年了此一生。

——THE LAB h代表金浩

可惜的是，我们社会的工作现状非常叫人郁闷。如果说在印度是种姓制度导致丑小鸭的出现，那么在我们这，丑小鸭则是因为过度"活在别人眼里"带来的自我贬低。问题是，如何能像印度经济学家纳兰德拉·贾达夫博士一样，从丑小鸭变成白天鹅，这正是本书所要探讨的。

推销员之死

60多岁的威利依旧挣扎于各种堆积如山的保险费和分期付款

中，他当了一辈子推销员，一直试图摆脱这样的生活困境。年逾花甲的他认为离职是不值得一提的事情，而真正遭到公司解雇后，他又完全丧失了希望并选择了自杀的极端方式，因为只有这样才可以获得一部分保险赔偿从而给家人带来福利。

这是阿瑟·米勒1949年创作的戏剧《推销员之死》中描写的内容。书中描写了一个渴望成功的平凡推销员幻梦的破灭以及最终的悲剧，其核心便是失业的问题。对于他来说，失去工作就等同于失去了生活的意志。威利的死亡是一场悲剧，而他的死亡不仅代表威利本人的死亡，还暗指了社会上"某些无名推销员"的死亡。

这部作品虽然写于20世纪，但对于21世纪的今天依旧非常现实。"推销员之死"是时代的悲剧，同时也是职场人士的真实写照，它不只发生在销售人员的身上，很多职场人的未来都受到不同程度的威胁，过劳死事件频发，而演员、企业家等非传统领域的死亡事件也呈多发趋势。生存压力山大呀，尤其在日本，随着"终身雇佣制"这种特有工作传统的消失，更加重了"推销员"们的不安情绪。很多日本企业缩减正式用工规模，大量采用临时职位和签约职位雇佣非正式劳动者。

据统计，正式劳动者占用工总数比例已从1985年的85%下降到

2007年的64.8%。相应地，非正式劳动者的比重由原来的15%迅速增长至35.2%。究其原因，在经济不景气的境况下，对于企业主来说，快速有效的解决方法就是减少人工费用，而减少人工费的首要措施就是减少受保护正式职工的数量。

随着这种解决方法的广泛适用，日本年轻人想要成为大企业正式职工的门槛越来越高，多数年轻人只能成为非正式员工。工作形式的变化改变着日本社会的整体走势。自由打工者、放弃工作蜗居在家的宅男宅女以及没有工作意志的啃老族等各种新名词的出现，直接反映了年轻人不安的生活现状。可以说，日本终身雇佣制时代正走向终结。

这不仅是日本面临的问题。世界金融危机之后，工薪阶层的失业现象席卷整个地球村。这直接打击了想要踏入社会寻找工作的年轻人。从国际劳动机构最近发布的调查结果来看，全世界青年失业率达到了12.7%，预计这一现状在未来5年还会持续恶化。

中国青年的"六个包袱"

在这个问题上，中国与韩国的现状相似，中国青年的就业压力也很大，平均10个青年人中就有1个找不到工作。中国实行改革开放的30年间，经济得到了迅速发展，但为什么找不到工作的青年也越来越多？这主要是由于工作的两极分化比较严重。高收入并且相对稳定的职位毕竟数量有限，然而受过高等教育并充满活力的年轻人却持续增多。由于他们在教育上投入了大量时间和金钱，从而期望寻找到相匹配的高收入职位，导致了就业延迟的现象。如今的工作岗位无法满足求职者的高要求，年轻人的负担也因为工作难找而更加沉重了。

中国青年的负担被形象地称为"六个包袱"。所谓"六个包袱"，是指中国实行计划生育政策后，独生子女的数量急速增加。他们从小被家里当做小皇帝或小公主，受到各种宠爱，但问题是长大后他们要同时赡养父母、祖父母、外祖父母六名长辈。随着长辈的逐渐衰老，独生子就要肩负起奉养整个大家庭的重任，包袱不可谓不沉，生活压力不可谓不大，因而他们对于工作薪酬的期待自然也会很高。虽然这个过程中找到自己满意的工作岗位很难，但是面临激烈的职场竞争和生存压力，如果连一份养活自己和家庭的工作都没有的话，人生的挫败感不言而喻。需要背负起"六个包袱"的中国青年负担沉重。

毕业即失业：临时打工者的尴尬

　　韩国的状况也不轻松，到处都是找不到工作的人，不少青年人还没就业就失了业。虽然他们为就业倾注了所有努力，但依旧很难找到工作，递交求职信后收到面试回复的概率在20%左右，即便幸运地获得了面试机会也很难保证就能获得自己期望的工作。因为整体的就业形势正在恶化，在全部工作职员中，非正式职员数量已接近50%。韩国的非正式劳动者数量在过去十年间增加了两倍，动摇了雇佣工的稳定性，突出表现在正式员工和非正式员工的薪资差距悬殊。根据2013年统计厅资料，第一季度正式员工的月平均工资是253万韩元（约合人民币14184元），同期非正式员工的月均工资仅为141万韩元（约合人民币7906元），创统计数据出现以来工资差距之最。

　　从数据来看，几乎有一半的韩国年轻人为了维持生计不得不选择打零工，就像子夜之前必须回到家做工的灰姑娘一样。而且这样靠打零工来养活自己的年轻人数量还在增加，以至产生了一个新词语"打零工一族"，专门用来指需要赚取生活费，但却找不到稳定工作，只能通过间断性的打工赚取较低工资维持生计的人。在过去，打零工的意义只是赚取零用钱和体验社会生活，如今却日益呈现职业化趋势，并已成为不少年轻人的饭碗。

打零工职业化与雇佣市场的不稳定性有着密切的联系，只要对最近各种统计资料稍作研究就能得出这样的结论。当被问到"为什么要打工"这样的问题时，2010年大约有26%的人会回答"为了生活"，到了2013年人数增加到48%，几乎是原来人数的两倍（根据专业网站"打工部落"对每年两千多名求职者的调查研究）。这些人选择打工的原因排在第一位的是"赚取生活费"，占总人数的33%，越来越多找不到正式工作的年轻人通过打零工赚取生活费用。

灰姑娘没有遇到王子之前备受继母的虐待，不得不干又脏又累的活。没找到合适职业的年轻人在打工期间也像灰姑娘一样，遭遇各种眼色，经受各种恶劣环境的磨炼。即将毕业的大学生对未来充满热情和希望，但只要一走出校门，也会像灰姑娘子夜时分一样变回原形，因为在他们踏出校门那一刻起就意味着开始为了工作而奔波。对于他们来说，找工作远不像在大学图书馆里占座那样容易，竞争对手们都在为了未来努力，他们更是一刻都不能休息。

就业的形势，亲友的期冀，让大学生们对找工作产生了恐惧，就像遇到了巨大而坚固的冰山，看不到一丝融化的希望。惨淡的现实和巨大的就业压力面前，许多大学生疲于应付，没有时间和精力对未来进行任何规划，他们有的准备来年再毕业，当年毕业的则都在忙着打工来维持生计。调查结果显示，2013年毕业的大四学生中大约有42%的毕业生计划延迟毕业时间，延迟理由中"没做好准备"所占比重最大，达到67.3%（根据在线就业网站"人们"对623名全国大四学生调查得出的结果）。这么多的毕业生计划延迟毕业，是因为如今的大学没有任何的就业保障，学生毕业的同时也意味着失业。

这些到了毕业时间不毕业，本应步入公寓生活现在却因没能找到正式职业寄居在校园的年轻人，被称作校园里的"老男孩"。他们蜗居在大学狭小的宿舍里，每天到图书馆与其他学生共享有限的学校资源。那些延期毕业的学生对残酷的职场竞争更是感到非常不安，因为找工作可不像在图书馆里拿本书、用个包就可以占座那样轻而易举。对于没有任何社会经验的他们来说，前途一片渺茫。这样的现象以后只会越来越多，社会平衡已经开始动摇。

学会享受你的工作

现在的年轻人是自古以来学历最高的一代，但同时也是最不会挣钱的一代。严重的经济危机和恶劣的雇佣制度束缚了想要踏入社会的年轻人，对于那些已经在学校准备了七八年的"老男孩"来讲，他们现在最需要的就是正式的职业。而对于尚没有任何就业准备的年轻人来说，此时正是积极参与大学和社会活动的好时机。在全社会都关心的大学生就业问题上，如果学生们准备得不充分，学校和社会也没有做出相应的工作，那么国家的未来无疑也会受到影响。要找到"只属于自己、最适合自己的职业"，需要给打工一族和"老男孩"们一些策略。THE LAB h的危机管理和咨询代表专家金浩，最近在接受一家报纸的采访时对初入社会的年轻人给予了有针对性的建议："职场环境虽然动荡，但是理想的职业却会给你带来安全感和稳定感。所以，对于即将开始职场生涯的你来说，希望你能够找到一个符合自己生活追求的职业成就此生，而不是在动荡的职场里工作二三十年了此一生。"

是的，在现代社会，工作并不重要，重要的是你所选择的职业，只要明确了职业的重要性和目的性，就能转危为安。世界100强企业日本京瓷创始人稻盛和夫的经历充分说明了这一点。稻盛和夫把京瓷从一个小小的零售企业发展为世界100强企业，被世人奉为"经营之神"，其间历经艰难。稻盛和夫的职业生涯非常坎坷，早年打工时，经常会出现工作一段时间后拿不到一分钱的情况，甚至在工作时也会担心被解雇。但是他没有绝望，坚信只要付出就会有回报，最终达到了工作和生活的完美结合。他向自己提出一个很简单但很关键的问题，就是"人为何而工作"，以此引发自己对工作意义和价值的思考。一番自我思考之后，他决定把"别人的工作"变成自己为之奋斗的职业，并从中学会享受这样的工作，最终取得了卓越成就。稻盛和夫指出，只有了解了工作在人生中的重要价值，才能够发现生活的真正意义。一个平凡的公司职员最终变成"日本最优秀的企业家"，"经营之神"的秘诀正是"学会享受你的工作"。虽然想法朴实，但这正是成功的开始。稻盛和夫在自己的书《活法》中阐述了他的职业观和世界观："如果你对'到底为什么而工作'的答案感到好奇，那么请记住，现在你所做的工作正是对你自身的一种历练。磨炼你的内心从而激励你去挖掘生活的价值和意义。"

发现工作的价值并不需要宏大的哲学背景或相关专业知识，而只需像稻盛和夫一样学会自我反省，学会把握眼前机遇，学会找到能够让自己感受到幸福的方法。虽然面对未来我们非常迷茫，但是只要肯努力，眼前这些困难和挫折都将只是未来成功路上的垫脚石。

职业高尔夫选手里·特维诺曾经说过这样一句话："睡觉是世界上最难的事情，你会因考虑明天要做的工作而焦躁不安。"我们现在怎样呢？长时间工作带来的烦闷和负担是最普遍的状态，而通过工作收获的幸福感微乎其微。每周最幸福的时刻便是一周工作结束的"热情星期五"，度过"黄金星期六"，星期天晚上我们会再次变得苦闷，最终患上"星期一综合征"。

大家扪心自问，每到星期一开始工作的时候，是否会因工作而感受到幸福？如果想要热爱自己的工作，那么就应该坚信我的职业能给我带来灿烂的明天，能给社会带来可喜的变化。

第一部分

FUTURE

工作的未来

不要让本属自己的职业溜走

可能你和我都在有意无意间问过自己：什么是好工作？是就职于大型企业或者成为国家公务员，西装革履地工作在城市的高档写字楼？这样的工作过去很长一段时间内都被看做是好工作。但在雇佣需求减少，工作强度越来越高的现代社会，这样的观点是否还有效？现代社会中工作种类超过两万个，社会极度专业化的同时职业价值观也呈现多元化，不能再用农耕时代的"士农工商"标准来判断所谓的"好工作"。现代社会，专业化、信息化、多元化、区域化、个性化、游牧化等新的社会模式层出不穷，相应地，也出现了多种多样的工作趋势，有复兴的传统职业，也有新兴的现代产业，其中最令人关注的趋势有以下六种：

趋势一：蓝领2.0登场：褐领横扫白领

趋势二：快乐工作的力量

趋势三：实行微创业

趋势四：游牧工作者的理想国

趋势五：回归本土经济时代

趋势六：社会事业的全盛时代

下面，让我们一一领略它们的风采。

↓趋势一：蓝领2.0登场：褐领横扫白领

F

From White-Collar to Brown-Collar

曾经令人钟爱的白领职业与低微的蓝领职业之间不再有明确的分界线。为什么人们如此偏爱白领职业呢？这是因为白领职业通常比较稳定，工作强度低，报酬也高。

但现在发生了变化，经济危机以后的企业开始减薪裁员，白领职业的稳定性急剧下降。因工作造成的精神压力增大，几乎每天都要无偿加班，劳动强度越来越大。再加上最近蓝领职业的报酬及劳动条件有所改善，这样就很难再说白领职业比蓝领职业更稳定，更舒适，薪金也更高。

越来越多的青年以新的视角看待偏向劳动的蓝领职业，他们开始回击这种颜色歧视。正在兴起的这一批青年对过去蓝领职业的体力劳动赋予了一定的专业性及其他有益价值，从而创造出超越白领职业的褐领职业。

白领职业和蓝领职业不再有明确的分界线，"褐领职业"开始崭露头角。赋予工作新的价值，创造特色的职业，让我们一起来听一下这些有为青年的心声。

↓英国管家学校：
微微弯曲膝盖便能够赢得世界

> 最近几年全世界百万及亿万富翁的数量急剧增加，他们正在寻找适合自己的管家。除去必须亲为的事情之外，他们想把其他事情都托付给管家，因此他们需要一个受过这方面培训的专家。
>
> ——英国管家学校全球培训校长克里·威廉姆斯

英国人最近的求职观念正在转变，英国职业教育机构"城市公会"做过一项有关职业幸福感的调查，调查结果显示幸福感最强的职业是护理师，其次分别是美容师、花农、厨师。金融及IT领域的办公人员幸福感普遍偏低。出乎意料的是以体力劳动为主的蓝领职业要比以脑力劳动为主的白领职业的幸福感更高。在这样的背景下，英国有一项职业备受关注，这就是管家。电影《蝙蝠侠》中着装整齐而干练，照顾蝙蝠侠日常起居的阿尔佛雷德的职业就是一名管家。称呼上叫做管家，其实类似于"侍者"或者"家政"。目前英国拥有高学历的人们正在为了成为所谓的"侍者"在专业学校接受培训。这是什么原因呢，是不是有点儿匪夷所思？但是如果你知道所谓的"侍者"年薪高达24万美元的话，我想你对此就不难理解了。下面，让我们来具体了解一下。

是侍者？是家政？No！这是年薪高达24万美元的特级管家

英国管家学校全球闻名。虽然从外观看只是个普通的现代式建筑，但进去之后你就会发现新奇的教室以及教室里的不同摆设。放在学生面前的不是书桌而是饭桌，桌子上面摆放的不是书、笔记本而是红酒瓶、红酒杯及各种餐具。这里正在进行的是与管家教育有关的各种课程，让我们以摆放红酒杯为例来了解一下。

将酒起子插到木塞中间转圈，拔出时感受木塞的反应。虽然人工盖子可以轻易拔出，但一不小心木塞就会折断。讲师把一个酒瓶放到桌子上，一边说明一边示范。虽然只是一个用刀子去掉铝箔再用起子拔出木塞的简单过程，但是示范一结束，学生们就蜂拥而上，提出各种问题。

"把铝箔全部剥掉是老式做法吗？在我看来都除去貌似更干净。""起子插到木塞的过程可以再给我们演示一遍吗？好像要调整角度，我们想再看一遍。"讲师马上会说："不好意思，不能再打开新的红酒了。我把木塞重新塞进瓶子，只是把角度给大家演示一下。"教室里一阵笑声之后，老师开始正式做示范。以服务的姿势径直走过去，右脚向前伸出，在后背挺直的状态下向桌子的方向弯下身体。"右侧的腿应该弯曲吗？""是的，保持这个姿势的同时说：'打扰一下，您要来点红酒吗？'来，大家自己做一遍。"学生们根据讲师的指导，不断练习各种姿势，脸上洋溢着笑容。电影里伺候主人的侍者在我国被称为管家，他们为什么要到学校学习这种看似卑微的职业呢？让我们听一下为攻修管家课程

而来到英国的一位女士的看法："英国的管家文化是优秀的传统，能延续这样的传统是一件很荣幸的事情。照顾别人的同时也为他们带来了难以忘怀的温暖，这让我感到极大的满足。看到他们幸福的样子，我感觉为此付出的一切都是有意义的。"

实际上，英国有好几所专门培训管家的学校，慕名而来接受培训的年轻人络绎不绝，人数逐年增多。从1980年的100人到2007年的5000人。虽然近几年由于经济不景气导致在英国很难找到管家这样的岗位，但在像中国这样新兴富有阶层日益增多及酒店观光行业日益发达的国家，对英国管家的需求剧增。管家的报酬千差万别，最少的年薪2万美元，最高的年薪24万美元。在英国众多的管家学校中有个学校人气特别高，原因是这里的讲师都是从事了数十年管家工作的专家。其中，尼克从8岁开始就在私人住宅里工作，到现在为止，做过英国总理、贵族，以及企业CEO等人的管家，担任过酒店及高级餐厅的各种职务，是最优秀的管家讲师。"我从小时候就开始担任许多重要人物的私人管家。小到就座礼节大到保护私生活我都有丰富经验。有这样经验的人即使在英国也不多见。所以5年前我开始担任管家讲师。我想把拥有的技术和经验传给更多的学生，如果因此而造就更优秀的管家，那将是一件再高兴不过的事情了。"他的希望成为了现实。他教过的学生在世界各地担任专业管家，从事的领域从高级住宅的私人管家到豪华列车乘务员再到私人飞机乘务员，超级快艇乘务员，大使馆及外交官住宅经理等。正是因为这些在世界各个领域看家护院的管家使得英国从以前人人皆知的"绅士国"变为现今闻名世界的"管家国"。

新晋梦想职业：环游世界，给富翁和精英们看家护院

管家学校的学生中梦想成为快艇乘务员的人很多。英国的快艇服务很发达，快艇乘务员主要负责给乘客提供饮料、食品以及相关住宿等旅行必需服务。可以简单地理解为将航空乘务员的服务转移到了海上。由于快艇乘务员是高收入职业，人气很高，不少人把在豪华快艇里工作当做梦想的职业。但现实中的快艇乘务员与电影里呈现的高贵典雅的职业形象还是有一定距离的，除了礼貌伺候雇主在内的所有访客，还要负责伺候客人用餐、清扫快艇等所有杂活。实际上，英国管家专业学校的教育课程除了清扫房间和熨衣服等基本课程外，还要学会擦长筒靴以及照顾宠物等杂活，因为管家的主要职能之一就是处理这些家中琐事。由于我国没有管家文化，可能会对这样的教育课程感到陌生，也会怀疑现在的年轻人能否胜任这样的工作。但为了学习专业技术到管家学校求学的快艇乘务员路易斯·路德对此却有着不同的想法："快艇乘务员表面上看挺风光的，因为可以享受到仅次于酒店的设施以及最高级的料理，而且还可以到世界各地旅行。但实际上，你很快就会发现其实管家的大部分工作是给乘客提供饮食及清扫快艇，像保姆一样负责快艇内的所有杂活。因此，一开始你可能会很难适应，因为眼前的一切使我们无法与高层人士其乐融融，共享奢华生活。但是一段时间后你就会对这个工作感到自豪。当看到因为自己的劳动而使游艇焕然一新的那一刻，自豪之感油然而生。无论有无客人，无论受不受监督，始终如一地认真负责快艇内的事务就是一件很有意义的事情。说实话，我也被自己的这种变化吓了一跳，竟然对曾经认为不起眼的

英国管家机构全球闻名。放在学生面前的不是书桌而是饭桌，
桌子上面摆放的不是书、笔记本而是红酒瓶、红酒杯及各种餐具。

清扫工作产生了自豪感。"

在经济长期不景气而出现就业难的英国，管家正作为新兴的褐领职业而兴起。它是没有退休之说的职业，所以不仅受到了年轻人的追逐也受到了其他领域人员的关注。担任英国管家学校全球培训校长一职的克里·威廉姆斯认为，管家市场的前景一片光明。他说："最近几年全世界百万及亿万富翁的数量急剧增加，他们正在寻找适合自己的管家。除去必须亲为的事情之外，他们想把其他事情都托付给管家，因此他们需要一个受过这方面培训的专家。"随着生活水平的提高，对管家的需求也在增加。实际上，管家行业与去年相比增加了200%以上，从目前的趋势看，管家市场的前景一片光明。从以前所谓的"做杂活的下人"到现在的"近距离接触并照顾世界精英的专家"，人们对管家职业的认识正在发生巨大的变化。

除英国之外，还有来自美国、芬兰、新西兰、中国等世界各国的人们前来管家学校学习，经常会出现预约超标的情况。由于管家没有退休之说，所以申请人的年龄跨度非常之广，小至16岁，大至70岁都有；人生经历也千差万别，有律师，有牙医，也有刚从大学毕业的人。一群几乎没有共同点的人，却拥有一个共同的梦想——管家之梦，他们都想通过挑战管家职业来改变自己的人生。而且，我确信他们的这种想法是正确的。想想，一群有着共同梦想的人漂洋过海，来到具有绅士之称的国度，穿上管家的衣服，编织着属于自己的未来——通过照顾别人实现自己的梦想。他们从内而外都是充实的，奉献比回报更让他们有成就感。他们给曾经被轻视的管家一职增添了一抹艳丽的色彩。

↓荷兰马蹄技术专家：
少女的铁锤也格外美丽

> 钱不是我考虑的唯一因素，当然生活是离不开钱的，但能做自己喜欢的事情才更重要。

——荷兰马蹄技术专家璐太

荷兰是一个有着很多职业的国家，年轻人通常不去一般的大学而是选择专业技术学校来实现他们的梦想，今年16岁的璐太就是其中一员。璐太没有像大多数朋友一样选择稳定的工作岗位，而是选择了大草原，理由只有一个，那就是她太喜欢马了。

这位从小与马一起长大的少女，职业是马蹄工，说得简单点就是钉马掌的人。就像人要穿鞋子一样，马也需要马蹄铁来保护马蹄。如果不随时检查马蹄铁是否完好，马蹄就有可能受伤，受伤后马儿就不能正常奔跑，因此对马来说像璐太这样的技术人员是必不可少的。但是马蹄工的劳动强度很高，哪怕之于男人也是一项很累的工作。而且它需要用肉眼确认马蹄的尺寸后才能做出合适的马蹄铁。

对于年仅16岁的少女来说这确实是份艰难的工作。但是璐太现在把她的专业运用得很好，成为技术人员当中的佼佼者自己创业开公司。就在最近一个名为"欧洲技巧"的比赛中，年龄虽小但技术娴熟的璐太获得了一等奖。

对于璐太来说，马蹄下面有黄金，自己现在的职业就是小时候梦想的职业。她告诉我们："我真的非常喜欢马，从八岁就开始骑马。马如果受伤的话我也会心痛，而马最容易受伤的部位就是马蹄，若不好好呵护马蹄的话，马是跑不久的，对于马来说，健康取决于马蹄。因此我成了一名马蹄工。我从小就下决心要从事与马相关的职业，中学的时候父母因为觉得女孩子做这个工作太累，强迫我选择了骑马专业，但是我根本没兴趣，所以后来又换回了这个专业。修理马蹄就是操作铁制品，打磨擦拭沉甸甸的铁片，并把它们放入沸腾的熔炉内，绝非易事。"

这位稚嫩而又顽强的少女告诉我们：若发自内心地喜欢一件事情，任何东西都不会成为阻挡你的障碍。"让马健康平安是我最大的职责，因此我对它们一如既往地关心。钱不是我考虑的唯一因素，当然生活是离不开钱的，但能做自己喜欢的事情才更重要。""我工作的时候经常因只想着马蹄而忘记收账。"谈话结束后，璐太向自己的车走去，车上印着她的公司"璐太马蹄商店"几个大字。

璐太是个特别的女孩，比起干净的办公室她更喜欢辽阔的草原。要是在以前，人们由于传统的观念，肯定会说："哎，一个女孩何必……""年纪轻轻的干吗非要……"这样看似担心她的未来，实则是看不起她的职业。但是现在，人们留给她的只有掌声。看到她以自己的名字命名的公司，帅气地挥动铁锤的那一刻，没有人不对她大加赞赏。这个淳朴的荷兰女孩正在用自己的正能量改变世界。

对于年仅 16 岁的少女来说这确实是艰难的工作。但是璐太现在把她的专业运用得很好，自己还创业开了公司。她说："让马健康平安是我最大的职责，钱不是我考虑的唯一因素。"

↓荷兰木匠学校：
在木头上雕刻人生

对于我来说重要的事情并不是赚钱，而是做别人做不到的事情。
受到人们的尊敬固然重要，但能够自由地享受人生才最珍贵。

——荷兰木匠学校学生刘立安

爱好蓝领的荷兰人

有这么一种说法："神创造了世界，荷兰人创造了陆地。"荷兰国
土的40%是荷兰人民自己开垦出来的，这不就是现实版的填海造田吗？在
荷兰，比起白领人们更偏爱蓝领职业。可能是受到世界经济危机的影响，
人们认为最可靠的是掌握一门技术，在这种危机意识下荷兰人不会轻易地
改变职业。荷兰人对技术职业有着基本的尊重与优待。最近几年越来越多
的年轻人选择去职业学校，其中人气最高的是木工技术。这里的年轻人有
这样一种想法，虽然现在是一个产业自动化、机器代替人力的时代，但正
是因为几乎所有的东西都是机器制造的才更能彰显手工的珍贵。前来听课
的学生遍及不同行业，有在校学生，也有公司职员。因为每个人都可以选
择适合自己的课程，所以，以脑力劳动为主的白领们也会轻松前来挑战自
己。习惯电脑、白衬衫的白领们，现在却穿着与白领毫不相关的工作服，
埋头在撒满锯屑的工作间里编织着自己的梦想。

在木头上雕刻人生

鼎鼎大名的Hout-en Meubilerings学院位于荷兰鹿特丹，是一所职业技术学院，成立于1929年，在我们看来，它就是一所木匠学校。学校培养各种各样的技术人员，有家具制作工、造船工、古董复原专家、室内装饰专家、装修顾问、钢琴技术人员等，其中金牌专业是家具制作。乐器制作也很出名，经常有享誉世界的乐器制作大师来这里指导学生。

木匠学校的教室里经常散发出阵阵木香，屋子里充满了拉锯声和铁锤声。环顾四周，可以看到学生们有的在砍木头，有的在用砂纸处理树纹，有的用铁锤钉钉子。刘立安有着浓密的胡须，戴着一顶红色帽子，他说："刚才正在木头上挖槽，做一个锯齿形状的槽子，这样才能把木头相互连接起来。这周的学习内容是如何利用多种工具把木头连接起来。"

25岁的刘立安有着特殊的经历，他放弃上了三年的医大，为成为一名木匠来到这里。跟我国一样，荷兰人也都希望自己能成为一名医生。如果刘立安继续上他的医大，将来就会成为一名医生，获得别人羡慕的社会地位。

那刘立安为什么放弃医生这样有保障性的职业而选择做一名木匠呢？他说："刚开始时对医学比较感兴趣，因为可以救死扶伤。但是越学越发现这不是我的理想职业。学医期间我没有成就感。为此，我进行了一番自我剖析，结果发现小时候我最喜欢的事情就是自己制作东西，于是开始学习家具制作课程。我发现，只要一接触到木头我就无比的幸福，甚至忘记了时间。"

刘立安的梦想是成为一名木船建造者，虽然现在只会做一个甲板，但相信他经过几年的技术学习一定会做出让自己满意的大木船。沉浸在与一起听课的朋友们对未来造船事业的构想中，一点也看不出他还对医生有任何留恋。他说："成为医生的话肯定会赚很多钱，还能得到人们的尊重，但那并不是我梦想的生活。对于我来说重要的事情不是赚钱，而是做别人做不到的事情。受到人们的尊敬固然重要，但能够自由地享受人生才最珍贵。"脱掉白大褂投入到木头堆里的刘立安为自己的未来描绘着绚丽色彩。

手上有老茧，未来更辉煌

从刘立安的教室一出来，旁边教室里的机器就映入眼帘，学生们都戴着巨大的耳罩用电锯切割木头。抓着木头的手离发出轰鸣声的锯齿很近，一不小心就可能受伤。一个青年食指缠了一圈又一圈的创可贴，还依然显得很开心。他说："昨天工作的时候不小心蹭了一下，现在没事了。蹭一下在这里是常有的事。"

托马斯为寻找他的新职业也来到了这里，他今年20岁，有着一头帅气的金发。他做过几年钻井工程师，但找不到工作的乐趣，于是来到了这里。虽然学习木工还没有多长时间，但他已经把木工当成了自己的第二职业。他说："事实上，这确实是一个艰难的决定，放弃自己熟练的技术重新学习另一门技术确实不像说的那么简单。这段期间我会省吃俭用，直到可以凭借自己的技术赚钱。"

换职业真的不是一件容易的事情，这意味着重新回到起跑线。我很好奇托马斯以后会不会后悔自己的选择或是遭到父母的反对。"不会的，在荷兰换职业变得越来越容易。我爸爸今年54岁了，还为了挑战其他职业重新回到学校学习。"他说。

木匠学校的教室里经常散发出阵阵木香，屋子里充满了拉锯及铁锤的声音。环顾四周可以看到学生们有的在砍木头，有的在用砂纸处理树纹，有的用铁锤钉钉子。

54岁的爸爸和23岁的儿子一起在职业学校求学，这不正是今天荷兰发展的力量吗！

　　在这里学习的一个年轻人告诉我们："什么是属于自己的职业？难道我要为现在的工作搭上一生吗？不，我要都尝试尝试，我要寻找自己喜欢的事情然后亲自经历一下。"

　　为学习技术而聚集在职业学校的荷兰年轻人，他们的年龄、出身各不相同，从16岁的学生到探索新职业的二三十岁的职员都有。荷兰的职业学校人气非常高，通常一发出招聘广告申请人数就会超出定员。这是为什么呢？在木匠学校教授家具制作技术的老师艾诺说："这是因为选择职业时大家都开始以'自己的幸福'为目标而不会让'他人的眼光'左右自己的想法。"他说："我从小就喜欢自己动手制作东西，因此生活中离不开锤子、钉子和油漆。到现在制作家具已有24个年头，在我看来，再好的机器也比不上手工的魅力。令我惊喜的是现在的年轻学生好像也认识到了这一点。我经常告诉学生们不要单纯地认为自己是一个简单的木匠，相反你要努力成为未来制作家具的大师。如果学生们没有'我在通过自己的手创造伟大的作品'这样的想法，他们将很难忍受那段艰辛的培训过程。学生们似乎也渐渐明白了一个道理：工作不只是为了赚钱。"

　　如果一个人真心喜欢做一件事情，那么世上的任何偏见和讽刺都不会成为障碍。对于只是单纯地喜欢通过自己的双手制作木头的年轻人以及把他们培养成才的老师来说，不管蓝领、白领还是褐领，都没有太大的区别。虽然过段时间，他们的手上会布满老茧，但这布满双手的老茧不正是辉煌未来的希望吗？

↓ 韩国阿迪人力车夫：
让时间回到过去的有为青年

> 我觉得人不应该依照别人的想法生活。社会的传统观念？比起那个自己的心更重要。
>
> ——阿迪人力车创始人李仁宰

欧洲大陆掀起了一阵旋风，白领青年挑战蓝领工作并获得了幸福和成功。在就业前景黯淡的时代，他们拒绝在喘不过气的办公室里劳动，而是潇洒地穿上工作服，不顾周围人的反对从事所谓的底层工作。令人吃惊的是，他们取得了成就，收获了幸福。

让时间回到过去的有为青年

安静的北村胡同，历史悠久的韩式小屋，村庄以及茂密的植被是这里的特色，而且还有为旅客准备的屋子、展览馆和各种商店。

在这个慢节奏的胡同里经常可以碰到一个拉着人力车拼命向前奔跑的青年。由于人力车在韩国已十分少见，所以这个拉着人力车奔走在首尔街道的青年令人略感陌生。但人力车到了这条悠久的老胡同仿佛熟识很久的朋友相见一样。"您好！"青年那充满活力、似曾相识的声音打破了胡同的寂静，为了上斜坡他用尽全身力气。看着人力车缓缓前行在老胡同里，

　　"阿迪人力车"在首尔北村、西村、仁寺洞和光华门
一带经营。李仁宰是创始人，今年 29 岁，一天踏着
人力车穿过首尔的街头十几次。

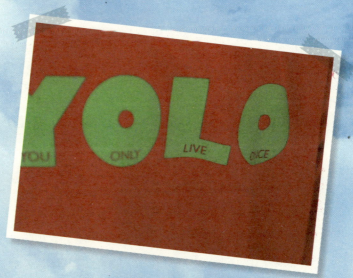

接受完采访的李仁宰渐渐走远，他背后穿着写有"YOLO"的阿
迪人力车衬衫。这是"You Only Live Once"的缩写。他说，
人生只有一次，因此要去做自己喜欢做的事情。

时光仿佛一下子从21世纪回到了过去。你可能不知道，这个青年就是在北村一代小有名气的"阿迪人力车"创始人李仁宰。那么，年纪轻轻的他为何要从事这一般人看来已被历史淘汰的人力车夫这个职业呢？他的汗水背后有着怎样的故事呢？

从证券公司职员到人力车夫

"阿迪人力车"在韩国首都首尔的北村、西村、仁寺洞和光华门一带运作，是韩国唯一的人力车企业。李仁宰是这个企业的创始人，今年29岁，一天踏着人力车十几次地穿过首尔的街头。他们的车库位于钟路，正在车库修理人力车的李仁宰摘下满是油污的手套，可能是因为长久体力劳动的原因手指布满老茧，手背和胳膊多处受伤。我还没开始采访，他便自己介绍起这份特别的职业："首尔北村有许多值得观赏的风景，人力车是让旅客将这些美景尽收眼底的最好方式。现在北村及西村有40条观光路线，这些路线按主题可分为历史路线和浪漫路线两种，我们还提供情侣们约会的路线，他们可以一边坐着人力车约会一边体验首尔的传统文化。现在德寿宫后面正在开发以清通路为中心的新路线。"

像李仁宰这样的车夫在印度被称为"人力车瓦拉"。人力车只不过是他们的生存工具而已。在中国北京的观光名胜附近也聚集着大量的人力车夫，对于他们来说这是一项艰辛的劳动。正如我们看到的一样，国外的车夫一般属于社会的低收入层，再怎么喜欢自行车和体力劳动的人，也不可能一辈子做车夫。

仁宰在美国卫斯理大学毕业，曾就职于麦格理证券公司。有着这样的教育背景和从业经历，人们不由想问：为何放弃人们向往的白领职业而从事体力劳动尤其还是人力车夫这一职业呢？仁宰微笑着回答："我讨厌每天穿着正装上班。在公司上班虽然会提高自己的专业能力，但是人的视野会越来越狭小。每天像机器一样重复着上下班的生活，这实在让我无法忍受。人生只有一次，所以我要大胆地去过自己想要的生活，冲出令人压抑的办公室到自由的地方工作。苦恼之际，我突然想起了自己在大学里拉人力车打工的日子，那段日子真的很幸福。幸运的是现在韩国还没有专业车夫，这个领域还是空白，我认为越是无人做过的行业越有发展前景。"

他在别人都不愿做的人力车行业里发现了价值，但这并不是单纯为了赚钱，自己喜欢的同时也能给他人带来快乐才是最重要的原因。别人的眼光与社会的偏见都不重要，因为对他来说工作就是生活。

准备出发的仁宰又补充了一句："我觉得人不应该依照别人的想法生活。社会的传统观念？比起那个自己的心更重要。"

接受完采访的李仁宰渐渐走远，他身上穿着背后印有"YOLO"字样的阿迪人力车衬衫。"YOLO"即"You Only Live Once"的缩写。仁宰说："人生只有一次，因此要去做自己喜欢做的事情，实现自己心中的梦想，幸福而快乐地生活。珍惜自己生命中出现的所有缘分，珍惜身边的每一个人。"过了一会，一对情侣坐上了他的车，这时人力车就像遇见了自己的主人一样愉快地向前方而去。看到这个情景，我想起纪录片《历史悠久的人力车》里最后一句台词："不载人的人力车会迷路，乘客是他们的家。"

↓趋势二：快乐工作的力量

Unbelievable Power of Fun

什么样的公司是好公司？

在 1564 名职场人和求职者中，有 704 名选择了"有优秀的企业文化和良好福利的公司"，意外的是，只有 13% 的人选择了"年薪高的公司"（2013 年网络调查资料）。

越来越多的年轻人认为，比起进入一个赚钱多的公司，他们更愿意进入一个满足他们兴趣爱好的公司，在这里做有意思的事，过有乐趣的生活。

然而，寻找有趣味的工作这不是很简单的事情。因为相比起追求工作的幸福，我们的周围时刻充满着管制、监视、竞争和业绩这样的词语，这是一个令人压抑的环境状态。

但是法兰西悖论以及美国硅谷的案例显示，轻松愉快的工作环境总是能创造高效的生产力。休息越充分，工作越愉快，生产效率就越高的良性循环真的能实现吗？

↓ 欧莱雅:
工作时间最短国家的悖论成立

最重要的是寻找家庭生活和职场生活的平衡点。只要掌握了这种平衡，所有的事情就会迎刃而解。而休假就是平衡家庭和工作的重要方式。

——让·雅克·阿尔里

尽管法国人大量吃着被认为是发胖主凶的食物，但依然保持着完美的身材，拥有健康的体魄。这正是法国人令人感到诧异的地方——法兰西悖论。

调查结果显示，虽然他们喜食高脂肪食物，但心脏病造成的死亡率却很低。你不用去书里寻找答案，只要中午时分去巴黎的餐厅转转就可以轻易发现秘诀。法国人慢悠悠地吃午饭，美滋滋地品尝红酒的方式，他们不会狼吞虎咽。全家一起或是三两好友悠闲地坐在餐桌旁，一边品尝着红酒，一边释放着压力，一边慢慢地享用美食。两个小时的用餐时间对他们来说司空见惯。这正是充分享受这种生活方式的法国人保持健康的秘诀。

除了饮食，最近又有另一种法兰西悖论正吸引着人们的关注。全球工作时间最少的法国，如何保持竞争力，如何保持经济的正常发展呢？去过巴黎旅行的人或许都有过下午三点钟为了吃晚午餐而到处寻找餐厅的不堪经历。在巴黎，很多餐厅在下午2:30—6:30干脆关门。因为法国人认为厨师和工作人员也需要休息。

休息：法国人的力量源泉

几年前，法国的一本日刊上刊登了一篇漫评。法国总理自豪地对丰田市长说："法国实行一周35小时工作制。"市长一脸惊讶地反问："一天都有24个小时，怎么一周只工作35个小时呢？"

法国以工人要求高以及贯彻劳动政策的坚定意志而闻名，特别是工人不会让步的劳动时间。法国是欧洲国家中劳动时间最短的国家。2010年法国劳动者的工作时间是1679个小时，与邻国德国相比足足少了224个小时。

让·雅克·阿尔里斯是一个在法国标致公司和雪铁龙公司担任发动机工程师的青年。他拥有一份自由的工作，因为他和公司签订了弹性的劳动合同。所谓"弹性工作制"的新型雇佣方式就是一年之中可以选择自己想工作的日子工作，条件是保证工作天数。工作时间在这里竟然可以自己选择。

他说："我每天只要在上午10点到12点，下午2点到4点工作就可以完成一天的工作量。实际上，对我来说最重要的不是工作时间，而是是否完成交给我的工作任务。因为年末要对我的工作做出评价：有没有和其他同事开展良好的协作，有没有技术上的进步等等。"

让·雅克·阿尔里斯虽然以"弹性工作制"的方式来上班，不受时间的约束，但和其他同事一样一年也会有5周的带薪休假。他说幸运的是一周之内的闲暇机会很多。实际上法国人的休假时间也是全世界最长的，平均一年中有38天的休假。休假天数在世界排名第二的意大利人一年中有31天，排名第三的西班牙人有30天。而美国人的平均休假日数一年只有13天。

一家建筑公司负责设计规划工作的莫上贝说："职场人最重要的是寻找家庭生活和职场生活的平衡点。只要掌握了这种平衡，所有的事情就会迎刃而解。而休假就是平衡的重要方式。"

美国的一项调查显示，虽然法国人的工作时间很少，但他们的工作效率确实很高。法国人以每小时25美元的收入高居世界第一。是因为工作效率如此之高，所以他们需要更多的休假，还是因为休假多了，工作效率才会这么高？这一点我们还不确定。无论如何这又是另外一个法兰西悖论。这就是做得少，收入高。

欧莱雅：职场妈妈的乌托邦

在法国，工作时间的减少也带来了出生率的逐年增加。休假增多的同时育儿的负担也会下降。已经生了三个孩子的年轻上班族妈妈雷瑟利·亚兹利亚说："既要养育孩子又要打拼事业是一件很不容易的事情，但我至少不会因此而发愁。"对于选择工作还是养育孩子的她来说不用忧虑的原因是有全力支援她的公司——欧莱雅。

"在欧莱雅可以一周只工作四天，还可以灵活地安排自己的工作时间。有时为了照顾孩子必须早回家，公司也会给予关照。我可以在家里工作。"

法国知名化妆品企业欧莱雅特别受女性群体的青睐，它的历史长达百年。在全球拥有7万多名员工的欧莱雅在法国被选为最好的"适合女性工作的优秀企业"。一周工作35小时、每个月有一个周三可以全家一起去度假，再加上暑假、复活节、圣诞节，一年中足足有38天可以放松。在欧莱雅负责员工培训的弗莱德·里克贝斯卡就享受到了这些令人梦寐以求的福利。

　　"我休了6个月的产假，这比法定产假还多了4周。那段时间公司其他人会负责我的工作。产假时间长是欧莱雅由来已久的传统。无论是对女性员工还是男性员工，欧莱雅全力支持作为父母的他们，使他们可以平衡好家庭和事业之间的关系。休完产假回来后的我甚至还升职了。"

　　当然，欧莱雅被誉为"职场妈妈的乌托邦"还有其他理由，这正是公司自己投资管理的专供员工使用的"克莱点"托儿所。在公司保育中心工作的14名保育师中包括护士和心理学专家。欧莱雅为使用托儿所的员工子女每年支付的金额达到每人5000~6000欧元。更令人惊讶的是欧莱雅公司内部争取男女平等的方式不是通过工会或员工的斗争，而是取决于管理层自己的决定。该公司的高层管理者克洛德勒克朗负责改善公司不平等的问题，他对我们侃侃而谈。

　　"因为女性的低生育率会使得未来的劳动力下降，其他企业也同样会受到这种打击。想到未来的某一天人口会大大减少，我就会觉得关心女性职工的福利就是对民族未来的投资。"

　　欧莱雅相信，员工的幸福感和公司的发展成正比，欧莱雅员工的平均工龄足足达到20年。

法国的郊外不仅有农家还有另一种形态的民居，这正是城里人的第二个家"second house"。

五月的法国很美丽。即使巴黎市内依旧一片忙乱，但你只要抽出一个小时的时间去郊外走走，就会发现秀美如画的田园风光。

乡村度假正在兴起

法国大约有30万套郊区别墅。最近的年轻人为了躲避城市里昂贵的房价而选择购买价格相对低廉的地方的房子，所以郊区别墅非常受欢迎。比起到一个陌生的国家里度假，法国人更喜欢在自己国家邻近的郊区舒舒服服地度假。

特别是最近，作为法国人第二套房子的乡村度假住所"gites"人气不断上涨。乡村度假住所就是把乡间农舍改造成可以住宿的公寓。最近十年，法国的乡村度假住所呈现爆发式增长，现在全国已经有5万多座乡间度假住所，一年四季预约不断。

乡间度假别墅不仅是城里人休闲度假的好去处，也成为推动当地经济发展的发动机，创造了许多新的工作岗位。设计改造农舍的景观专家、导游等人在这里工作，活跃了当地的商店、餐厅和房地产业，也把许多年轻人重新拉回到这些地方工作。法国人的长期休假已经成为生活的一部分，同时创造了产业发展的新趋势。通过这种方式，乡间别墅推动了当地经济的发展，也使当地人的腰包鼓了起来。

杰里米在乡间度假的时候确确实实受惠于当地的商店和餐厅。每次去度假的时候，他经常去一家有20多年历史的面包店。白发苍苍的面包店主人发自内心地说，由于乡间度假别墅的出现，她现在的日子过得越来越好。

"年轻人在此地呆的时间越长就越有利于这些经济的发展。年轻的朋友们在这里放松的时间越多，这里的经济就发展得越快。小商店自不用说，曾经萎靡不振的房地产市场、旅游商品等行业现在因为乡间度假别墅的兴建而又重新活跃起来。"

乡村度假别墅通过少量的工作获得了高收益，创造了一个有悖于常理的成功，这又是一个法兰西悖论。

欧莱雅被叫作"上班妈妈的乌托邦"。无论是对女性
员工还是男性员工,欧莱雅全力支持作为父母的他们,
使他们可以平衡好家庭和事业之间的关系。

↓ 美国谷歌：
边玩边工作的"fun"型企业

不穿正装，你也可以很真诚！

——谷歌内部口号

在这个时代，比起管制，更有效的是自愿和自主。自愿性在创意型的工作中能更好地提高工作效率。所以为了适应这种变化，很多企业正在摒弃传统的工作方式进而更努力地创造自由开放的工作氛围。质量比绝对工作数量更为重要，这一点正在逐步成为大家的共识。不是每天埋头于工作而是既能玩又能愉快劳动，这样的"fun"型企业文化在哪里呢？能使工作和休息的两条线在日常生活中交叉，这样的理想职场又在哪里呢？谷歌，在美国连续四年被评选为求职者"最想工作的企业"，或许去那里工作更能感到幸福？

像校园一样的工作环境

谷歌本部位于加利福尼亚州的山景城。谷歌人不把这里叫作职场而是叫做校园。进入"校园"内，你会不确定这里到底是公司还是公园，因为映入眼帘的是相聚在露天咖啡厅里喝咖啡的人，骑着花花绿绿的自行车享受阳光的人，遛狗的人，甚至在最忙碌的上班时间悠闲地看书、喝咖啡、玩游戏的人，还有在布满沙土的运动场上渐进高潮的排球比赛。工作着的谷歌人到底藏在哪里呢？谷歌培训团队的项目经理伊维塔·布里吉向我们解释了谷歌特有的企业文化：

"这里不是传统意义上的工厂。大家就那样坐在沙发上玩着电脑也能工作，坐在草坪上看着书也能工作。谷歌内可以玩的地方有很多。'fun'是谷歌企业文化的主题，它可以让员工的创造力得到充分的发挥。员工与公司越亲密，就越能减少他们在办公室里所受到的压力。员工只有在没有压力的时候，创意才会不断涌现。"

谷歌相信，自由开放比僵硬更能提高职员的工作效率。正如谷歌的内部口号"You can be serious without a suit"（不穿正装，你也可以很真诚），即使没有繁琐的固定形式也能激发员工的积极性和创造性。所以，为了摆脱固定的工作形式，谷歌允许员工拿出工作时间的20%来做自己喜欢做的事情。伊维塔说，这20%的时间就是谷歌一直以来引以为荣的变革。

20%的工作时间可做与业务无关的事

"在上司允许的情况下，在这20%的工作时间里员工可以做跟业务无关的事情，但必须做跟谷歌相关的事情。即，不是说一周内每一天都可以做跟业务无关的事，只是允许员工在业务之外可以做一些其他的跟谷歌有关的事情。员工可以不马上做今天的工作，但必须要思考谷歌的未来，描绘谷歌的蓝图，想想怎么样为顾客提供更好的服务。还员工以自由，这个想法真是一个好点子，因为Gmail就是在这20%的自由工作时间里诞生的。"

谷歌有句名言：don't be evil（不要变得邪恶）。谷歌相信，在运用耀眼的技术让世界变得更加美好之前，一定要先用少许的努力为员工创造一个愉快幸福的工作环境：不变邪恶也可以赚钱，不受折磨也可以取得成功。

职员零食费用高达每年7000万美元

如果到谷歌大楼的内部看看，那些设施会令人更加震惊。托儿所、洗衣房，甚至连宠物中心都有。这已经不能叫"谷歌校园"了，而应该叫做"谷歌城"。在众多的谷歌内部福利中，最让人羡慕的当属免费小吃店和餐厅。实际上，据说谷歌员工每年仅零食的费用就高达7000万美元。员工还有可以免费使用的、全部采用天然有机食品来做菜的内部食堂。因此，与其说是在雇佣员工，不如说是在伺候员工。伊维塔是这样介绍谷歌餐厅的：

"在谷歌公司内部，好玩的地方随处可见。到谷歌食堂去看看，你会发现那有很多长条餐桌，但没有只能供一个人吃饭看书用的一人用餐桌。这样可以方便员工们聚在一起多多地沟通，自由地交流，集思广益，那么，小的点子也会变成大的创意，甚至会产生出更大的改革。因为当各方神圣都聚在一起讨论问题的时候，就更容易找到解决问题的答案。谷歌餐厅就是为了便于员工协作而专门设计成这个样子的。这种小型厨房，虽然看起来像特别私人的空间，但确实是谷歌员工共同商议、协同工作的好地方。"

谷歌内部没有分区，沙发、坐垫、餐桌这些能让许多人聚在一起的设施随处可见。正是通过这些公共设施，谷歌才能不断创造出这些新的网站社区。伊维塔说，与展示着企业竞争力的硬件设施相比，这里彰显的是无形价值。

多玩一点，多合作一点，就能展望整个世界

"谷歌之所以能成为人们真正最想工作的地方，靠的正是这些无形的东西：使命感、透明、民主。而员工最想在谷歌工作的理由实际上也是因为，在这里他们可以做有意义的事。可以使员工们拥有这样的使命感：我们开发的技术是为了让人们过上更好的生活。并且，谷歌会把关乎企业发展的重大事项告知员工并在得到员工的反馈之后再做决策，真正做到了透明和民主的互相补充。"

正如伊维塔说的那样，公司高层会单独安排时间向所有的员工公开关于公司的机密与情报。这样不仅可以增强员工的归属感，还可以让他们发出自己的声音。

每年谷歌会收到来自世界各地的200万份简历。虽然不是人人都需要去谷歌工作，但是为了像谷歌人那样工作，最重要的是要具有主人翁意识。

"在这样自由的工作环境中，需要能够自我激励的员工。每件事没有

上司的指示也能办好，要有主动型的、有责任感的员工。实际上，员工也不想每件事都受到上司的指示，他们希望能自主地推进工作。要想成功必须具备这种素质。员工应该成为积极进取、不断努力、具有责任感、能完成任务的人。这不是在寻找具有CEO梦想的人，而是在寻找无论干什么事情都心怀梦想、全力以赴、具有高度责任心的人。"

进入"校园"内，你会不确定这里到底是公司还是公园，因为映入眼帘的是相聚在露天咖啡厅里喝咖啡的人，骑着花花绿绿的自行车享受阳光的人，遛狗的人，甚至在最忙碌的上班时间悠闲地看书、喝咖啡、玩游戏的人。

谷歌本部位于加利福尼亚州的山景城。谷歌人不把这里叫作职场而是叫做校园。在这里自愿比管制更受欢迎，想要做的事比必须做的事多得多。

↓ 美国Smule公司：
一周工作四天？太多了

如果每天都去上班的话，会感觉自己好像是一台工作机器，那些独处的时候更容易完成的创意型工作也会变得困难起来，这样就减少了工作中的创造性。

我认为灵活性和创造性是一对孪生兄弟。

——Smule公司首席产品官普莱依·古博塔

家里事没处理好去上班也无法安心工作，倒不如处理好了再安心工作，这样既能提高工作效率，对公司也有好处。每一个职场人都如此认为。经验显示，如果一个人在工作效率最高的时间段内专心埋头于工作的话，那他将会创造出更大的工作价值。

弹性工作制：可以随时对工作喊停

清晨，当别人忙着准备上班时，普莱依·古博塔的家中一片清闲。周一到周五的早晨和周末的早晨一样。古博塔很晚才起床，做完瑜伽后开始准备早饭。她的丈夫同样也悠然自得。双职工夫妇的他们在开始一天工作的大清早怎么能够如此悠闲呢？这得益于弹性工作制。古博塔夫妇同在手机应用开发公司Smule上班。作为一个拥有70多名员工的中小型企业，

Smule公司因为实行了适应员工情况的弹性工作制而成为许多职场人向往的工作地方。作为该公司的首席产品官，古博塔一周只有三天去公司上班，剩下的两天在家里工作。从家到公司需要一个小时的时间，他觉得这样是一种工作时间的浪费。

"Smule公司原来的方案是一周上四天班，在家工作一天。但我个人觉得一周工作四天有点多。无论如何，事业和家庭应该摆在同等重要的位置上。一周上三天班的话，能更好地把握生活的节奏。如果每天都去上班的话，会感觉自己好像是一台工作机器，那些独处的时候更容易完成的创意型工作也会变得困难起来，这样就会减少工作中的创造性。我认为灵活性和创造性是一对孪生兄弟。"

对于那些像古博塔这样既需要忙工作又需要照顾孩子的员工来说，这样的弹性工作制很适合他们。古博塔相信，工作时间短，休息时间长就是Smule公司的竞争力所在。这样可以使得公司的工作效率得以最大化，员工的个人能力也能得到最大发挥。

"每个人都有一个一天中工作效率最高的时间段。这个时间段因人而异。实行弹性工作制的话，可以让每个人都在个人工作效率最高的时间段内工作，这样反而会更好更快地完成工作。"

除了开会和讨论的时间外，Smule的员工可以根据自己的工作计划一周工作时间达16个小时即可。

然而人们对弹性工作制有不同的看法。有人担心个人享受自由的时间多了会阻碍公司的发展。举个例子，雅虎公司决定全面放弃一直实行的在家工作制。因为弹性工作制反而使得公司内部的业务完成进度被延迟。实

在忙着准备上班的大清早，普莱侬·古博塔的家中一片清闲。周一到周五的早晨和周末的早晨一样。古博塔很晚才起床，做完瑜伽后开始准备早饭。她的丈夫同样也悠然自得。

Smule 公司的办公室和一般的公司截然不同。
Smule 用各种各样的乐器把办公室变成了华丽
的演奏会舞台。

际上，雅虎员工在下午以在家工作或外出为由，慢悠悠地从停车场里走出来的情景屡见不鲜。在美国这被叫做"雅虎病"，并被当作揭露弹性工作制弊端的经典案例。最终，雅虎决定通过加强监管以增强员工的勤勉力。对于雅虎的这一决定，有人因其英明的决策而表示支持，古博塔立场鲜明地说，雅虎是在违背时代发展的趋势。

"我认为勤勉力有两层意思。一是指员工的个人品德和修行。二是指员工对自己所从事工作具有的某种信念。如果员工热爱自己的工作并对自己设计的产品倾注了感情，即使不强行让他留在办公室，他也能完成自己的工作。如果说雅虎员工的勤勉力有问题的话，那应该先好好想想他们是不是在开发自己感兴趣的产品和程序。"

我们每天都在公司开音乐会

Smule公司的办公室和一般的公司截然不同。如果把谷歌称作"职场人的校园"，那Smule就可以被称作"职场人的音乐会舞台"。和用智能手机演奏、作曲的程序应用开发公司一样，Smule用各种乐器把办公室变成了华丽的演奏会舞台。员工们以不亚于专业团队的水平演奏着各种华丽的乐器来迎接八方来客。有一个专门的地方，装饰得像音乐会大厅，摆满了音响装备，职员们可以随时在这里尽情享受音乐。年轻的员工们边工作边玩，边玩边工作，朝气蓬勃，充满活力。

在这里担任市场总监的杰西卡说，他对公司很满意，因为即使在公司里也可以尽情享受自己喜欢的音乐。

　　"我真的特别喜欢Smule，我们公司崇尚灵活性，在这里可以有效平衡工作和生活。只有在如此自由宽松的环境中愉悦工作，才能更好地发挥创造性。"

　　作为提供计算机软件技术的公司，Smule认识到自由而富有创造性的工作环境可以让工作变得妙趣横生。即使是本应在家工作的星期五，他也愿意来公司上班。

　　"这里的人们都非常喜欢自己的工作。和他们一起工作，幸福的能量也会传达给你。所有人都真心喜欢自己的工作，会真心感到满足，创意就会不断涌现。"

　　Smule的员工大部分是25~35岁的年轻人。员工们也在公司内部积极营造年轻向上、充满活力的氛围，正是在这个舞台上激发出来的创意使Smule公司成为2011年美国年度成长最快的公司。尽管已经很完美，为了实现创意和效率的最佳融合，Smule仍在尝试着改革工作制度。如何创造一个让员工感到更幸福更有效的工作环境是这里永恒的课题。

T

Towards Micro-Startups

在不断变化的时代要求下，通过自己的想法和热情进行微创业受到了关注。在一间车库里，史蒂夫·乔布斯推出了世界第一台个人电脑"苹果"，并创造IT企业神话。即使是今天，斯坦福大学附近的车库内仍然有许多怀着和史蒂夫·乔布斯同样梦想的年轻人。

但最近的创业热潮和20世纪90年代的网络企业热潮有着很大不同。如果把当时横扫全球的第一次网络企业热潮看成是以小额投资者主导的资本指向型创业的话，最近的小型创业热潮就是以青少年个人创造力为主导的第二次指向型创业热潮。

使这样的变化成为可能的，正是社会的发展和技术的进步。创意＋ 灵活运用云计算 ＋ 社会的基础设施 ＋ SNS ＝ 微创业。

如今小型创业模式的特点是不仅要运用高端技术，更重要的是有与众不同的创意，由此找到职业人生的意义。

当今，全球都在兴起不同于以往创业模式的全新浪潮。

↓活跃在硅谷的
大学生创业军团的秘密

对于硅谷年轻的创业者来说，收入并不是第一位的。他们做事的时候独立性较强，并具有要自己掌握未来的意志，这是关系到最终成就感的心理素质。

——斯坦福大学某以色列教授

最近在美国经常能听到这句话："只需一台笔记本电脑和一杯拿铁，你就可以创业。"

最近，苹果，谷歌，脸谱网等IT大企业聚集地的硅谷兴起了小型创业的热潮。硅谷的青年创业家剧增，甚至能称得上第二次网络企业热潮，这群年轻人不再只是专注于达到履历书上的能力指标，而是凭借一个金点子，借助智能时代的力量，下定决心要在世界上实现自己的创意。

CLOUD SERVICE（云服务）让人们一个月只需花费几万韩元（折合人民币几百元）便可以充分利用网络资源，大幅度地减少了创业资金。没钱就无法创业的观点已经过时。只要拥有金点子和实现它的勇气就能够创业。现在硅谷的年轻人以更少的资金，更快的行动和以世界市场为目标投身于外面的世界。他们的尝试给美国创业领域带来了新变化。

去斯坦福大学寻找答案

象征着美国尖端科技聚集地的硅谷，被称为半导体和电脑产业的麦加圣殿，在这里青年创业家正发出新的挑战。这次是以优秀人才聚集的大学为依托，20岁出头的在校大学生用新颖的创意引起的创业热潮。忙于各项指标的在校生们面对毕业的压力，硬是凭借自己的努力最终闯入了商业竞争的世界中。然而到底是什么使得他们的梦想从公司职员转变为闯荡外面的世界呢？我决定去美国西部的名牌大学——斯坦福大学寻找答案，它培养出的IT企业精英不计其数。

斯坦福濒临加利福尼亚海岸线，在历史上是开拓者的聚集地。可能是因为这样，学校犹如拥有从历史中传承下来的力量，在校园内，处处都能感受到凭借创意开拓世界的学生的雄心壮志和一马当先的锐气。其中这所大学的学生所建立的创业社团BASES[1]最为引人注目。BASES开展的活动已经超过了社团水平，它作为斯坦福大学的创业援助机构正运作着广泛的创业援助项目，具有相当大的规模和高水平的专业性，简直让人无法相信它只是一个由学生在管理的社团。

左右硅谷的大学生创业军团平均年龄刚过20岁

坐在草坪上的BASES成员只是刚过20岁的大学生。拥有能左右硅谷力量的大学生创业军团的成员竟然是这样的年轻！

BASES代表——露菲，现在读计算机专业的硕士。对于加入BASES的

---

❶ Business Association of Standford Entrepreneur Students的简称，中文名称为"斯坦福大学学生企业家商业组织"。

原因她是这样说的：

"我是四年前刚入大学时加入BASES的，我想做企业家，但当时我对于创业还有硅谷一无所知。"

BASES虽是学生们经营的社团，却得到了当地企业、行业联盟、法律人士的积极支持。他们不只给予精神上的鼓励，还提供实际的物质支持。

BASES中不乏很多创业成功的毕业生。露菲介绍了自己感触最深的一件事。

"我们举办的竞赛中也包括所谓的社会挑战比赛，以社会性企业为主，有明确的社会意义和成效。在某年按例举行的比赛中，KIVA①获得胜利。那次比赛后，KIVA获得了巨大成长。例如，为了让畜牧业业主能生产更多牛奶，会给他们提供小额贷款以便购买更多奶牛，以后再归还给KIVA。如果说我在KIVA借了20美元，我完全可以一年后再还给它们，同时它们收回来的钱又可以再借给其他人。硅谷小型创业的增长，就是因为有KIVA这种类型的企业存在。当然又是因为我们BASES，KIVA才得以出现并发展。"

受到学校和地方企业的资助，BASES每月都会邀请成功的创业家进行演讲。500平方米的演讲广场挤满了梦想创业的学生。此外，每周三还举办"企业家思考方式研讨会"。

因为BASES，露菲学到了很多关于企业的社会作用方面的知识。她害羞地笑着说自己的梦想是要创造像谷歌一样的医疗保险公司。BASES另一

---

❶ KIVA建立于2005年10月，创始人马特·弗兰纳，是非营利私对私小额贷款机构，致力于向发展中国家的创业者提供小额贷款，实现消除贫穷的目标。

位代表是27岁的麦德，他是一名机械专业的学生。

"我的目标是创建一家能够给能源部门带来创新的企业。我要开发能改变未来能源事业的技术。"

据斯坦福大学某以色列教授的调查来看，1930年到2011年，BASES中的毕业生创立的企业超过了3.9万家。其中有5400名学生通过创业创造出自己的工作岗位。把斯坦福毕业生创造出的经济社会看做一个国家的话，将会是GDP排世界第11位的经济大国。

当然不是所有的斯坦福大学生都向往创业，他们大多数也都和我们国家的年轻人一样希望进入大企业工作。作为负责人和露菲与麦德一起进行活动的印度学生雪莉就打算进入谷歌工作，但是雪莉也表明了谷歌并不是自己人生目标的终点。

"对发展中国家贫民儿童的教育有所帮助的事情是我的梦想。还有一个梦想是做与宇宙探险相关的工作。选择谷歌是因为我现在还很不成熟，需要很多经验。它是我走向更好未来的台阶中的一个。"

相比达到招聘职位要求的指标，露菲、麦德和雪莉却找到了自己人生所必需的东西。斯坦福和硅谷也仅仅是目标之一。重要的是主动做出自己的选择和有效的行动。

创业失败也有回报

2012年，斯坦福大学的捐赠基金连续八年第一，是哈佛大学和耶鲁大学的两倍。斯坦福大学能够继续维持这样多的基金，是活跃在硅谷毕业生的功劳。以色列教授在《斯坦福出身的企业家们引导的革命与企业家精神的经济效益》这篇论文中，分析了斯坦福和硅谷之间的联系所带来的效益。他是在斯坦福大学做研究的教授，同时也引导着学生的创业教育。教授说这个地方的学生通过创业年收益达3兆美元。

"准确说来是2.7兆美元，这个数值还只是在现存企业中统计得来的。斯坦福的成功离不开临近硅谷的地理位置特性。学校和企业间的有益循环给学生们造成了很大影响。"

教授不只关注斯坦福大学出身的创业家们取得的成就，他更关心他们的创业如何取得了成功。

"对于硅谷年轻的创业者来说，收入并不是第一位的。他们做事的时候独立性较强，并具有自己掌握未来的意志，这是关系到最终成就感的心理素质。经营企业是比想象中更艰难的一件事。如果没有明确的动力，就很难克服同客户签约失败或是失去优秀员工等这样的苦难。"

以色列教授强调学会如何对待失败，是青年创业者们最应具备的素质。

"斯坦福有一点做得很好，学生们能够在教室亲自见到企业投资者和创业毕业生，而不是他们在媒体中出现的样子，他们常常更率直地向学生们讲述自己的经历。这样的坦白，让学生们意识到不论是谁都会有失败的时候，通过失败吸取教训最终就能收获成功。我们要向学生强调的是大部分获得巨大成功的企业都不是从一开始就有着正确的战略，而是在发展过程中一步一步不断修正战略走过来的。让学生们真实体会，就算第一步失败了，寻找其他战略，坚持用同样的技术和想法就可能在下一次成功。"

创业在面向世界市场的时候，失败对于创业的战略修订有着必要性。我们从这个世界中会得到很多的回报，失败也只是那些回报中的一种。

　　具有革命性的热潮所带来的变化就在眼前：这是只要有创意和一台笔记本电脑就能开创自己事业的智能时代。在到来的第四次时代潮流中，小型创业给美国年轻人插上了飞向未来的翅膀。

↓ 在美国，
用100美元来改变世界

> 环游地球的同时，我总是遇见用小额资金尝试多种事情的不同的人。他们大多没有工作经历也没有制定长远的工作计划，也不会为了创业去银行贷款。他们坚持用小额资金让自己的想法变成现实，创立能给予自己自由的公司，可以一直做自己喜欢的事。
>
> ——世界旅行作家克里斯·古里布

在以大企业为主导的美国有这么一个地方，它的小型私营企业占全部企业的95%。它就是被当做经济模范而被考察的波特兰（波特兰为美国俄勒冈州城市）。波特兰的年轻创业者证明了微创业的无限可能。

对为寻求热情和快乐而创业的青年来说，资本不是难题。钱虽然会决定企业的规模，但并不能决定事业的成败。只用区区100美元就能投身于全球浪潮的各地创业高手们就证明了这一点。克里斯·古里布（Chris Guillebeau）是世界著名的旅行作家，他把这些创业高手的故事写进了书里。

今年34岁的克里斯在过去十年间旅行过的国家超过192个，遇到了许多不同类型的创业家。他们中大部分都是用小资金进行创业。克里斯将他们的事迹称作能改变世界的小型商业革命。在《100美元起家》（The $100

Startup）一书中介绍了小型创业者们的有趣故事，使得小型创业得到了全球性的关注。

用100美元，怎么创业

区区100美元，用这些钱怎么能够创业？克里斯这样说道：

"环游地球的同时，我总是遇见用小额资金尝试多种事情的不同的人。他们大多没有工作经历也没有制定长远的工作计划，也不会为了创业去银行贷款。他们坚持用小额资金让自己的想法变成现实，创立能给予自己自由的公司，可以一直做自己喜欢的事情。"

因为是用非常少的资金来创业，所以失败后的损失也不会很大。虽说倾尽全力去创业，但即使没能达到自己的期望也不会沮丧。对他们来说失败不是无法战胜的挫折，而是再寻找机遇的一个过程。克里斯说这是创业者们的优势，也是他们可以继续创业的力量。

"我在旅游过程中发现，世界各地很多的人都对当下的职业境况抱有疑虑：把自己的一生都奉献出去，只是为了能在大企业工作。而这些人想为自己做更多的事情，并且找到了能给予自己自由并培养自己独立性的与众不同的事情。要说他们最大的共同点就是好奇心了。他们不是好高骛远，而是从身边开始，积极地寻找把自己的爱好作为基础的可以创业的方法。第二个共同点就是他们倾向于尽快行动。他们不是一直停留在思考的层面，而是尽快让想法变成现实。一般来说，一个月或者最多两个月内就会开始自己的创业项目，然后观察情况并且适应它们。他们不会为了等待而浪费时间，而是把更多的时间用在实践上。"

什么是创业者注重的价值

他遇见的创业者所注重的价值是什么呢？只要是自己喜欢的事情就都会有意义吗？对于自己在漫长旅途中发现的"真正的事业"，克里斯是这样描述的：

"简单地说来，所谓有价值的事情就意味着帮助别人的事情，为给特定群体的人们创造一个更好的世界而做点什么的事情，让某些人的生活变得更轻松，更美好的事情，还有能给别人的生活带去欢乐的事情。"

向别人销售毛线或为别人的健康出谋划策，当你从这样普通的事情中也能发现新的价值的时候那说明你快要成功了。对克里斯来说，所谓的事业其实就是找到你想做的事情和人们所需求的事情的交集。他对于创业者最大的误区——资本是这样描述的：

"请不要再有'创业必须要有很多钱'的想法。在你发现工作的价值之前就纠结于怎么去银行贷款，怎么说服父母，怎样使用信用卡等等问题时，那么你的生意注定失败。要牢记生意不是为了花钱，而是为了赚钱存在的。为了生意的成功花钱是必要的，但是一般来说在事业是否会成功的探索阶段是不会花很多钱的。"

我们在很长一段时间都相信在大公司工作会得到稳定的人生。人们总是说"这个不行就去做生意吧"。正如从这句话里所能感受到的一样，我们的社会的确如此：在某方面有欠缺的人们迫于无奈才意识到把创业作为生计手段。但是像克里斯这样发现工作的价值并拓宽和世界的交集，成就了自己的一番事业，说不定反而是这个时代最安全的选择。对他而言，最大的失败是没有任何实际行动。

可能世界上并不存在我们的理想工作，但我们难道不能自己创建一个吗？即使第一次的尝试失败了，为什么不进行第二次尝试呢？在人生漫长的路途中，就像"明天"一定会走向"今天"一样，自己的事业也以不同的方式每天都在向我们靠近。

缩小身体只为跳得更高

最近关于小学生未来理想职业的调查中，想成为公务员的理想位居第一，由此看出人们在选择工作时稳定性占了极大比重。我们不能一味地批判这种现象。这种现象是因为韩国社会的变化越来越大，工作环境也很不稳定。在这样的状况下进行创业是个很有挑战性的选择。某调查显示韩国大学生有63.3%有创业的意向，其中切实在准备着创业的人却不到4.9%。从无创业意向的大学生口中得知，他们不去创业的最大原因是害怕失败和难以筹集到资金。因此为了未来的稳定，他们认为就业比创业会更好。（一项据2012年韩国1000名大学生创业调查的资料）

创业真是又危险又盲目的挑战吗？很多年轻人进入别人的公司工

作，对别人的支使安然接受，嘴上说着是"因为寻求稳定而无可奈何"，但是还有什么比把自己的命运交付到别人手中更不稳定呢？

　　没有高端的技术和足够的资金，但还是有人找到了自己的事业，打开了成功之门。就像为了跳得更高得把身体缩小然后跳起一样，创业也是如此，将身体蹲下，从低处开始往上跳的时候会跳得更高。

↓ 波特兰快乐针织毛线店：
边聊天，边享受针织

> 我们店里卖的毛线和其他店里没什么区别，价格也差不多。我们只是创造了其他店所没有的环境而已。
>
> ——HAPPY KNIT创始人萨拉

在波特兰聚集的人们不是以挣钱为目的，而是因为自己喜欢而开展事业。在波特兰，创业故事如同展示窗里摆放的商品一样不计其数。霓虹灯闪烁下的数千家商店，每家店都有着自己的故事。在波特兰市区正中央闪耀着温暖黄色灯光的毛线店"HAPPY KNIT"（快乐编织）就有着自己的故事。

HAPPY KNIT的故事

它是一家以让顾客快乐针织为宗旨的毛线店。和许多商店一样，展示窗内陈列着用毛线制作的各样商品，进入商店后欢迎你的是如彩虹般多彩的毛线团。身穿可爱毛线围裙的健壮青年说自己是这里的职员，向我们介绍起这家店的时候如同自己就是店主人那样自豪。

"我们店毛线的颜色像彩虹一样丰富。从红色开始有多种多样的颜色。即使颜色相同粗细也有区别，所以很容易找到你想要的物品。当然其他商店也有它们各自的特色，但还没有商店像我们一样将毛线细致地整理好，让顾客能够接触到商品。我们商店的物品不是藏在沙发底下或是满满塞在周围的搁物架上，我们的毛线位置和种类都一目了然。"

在咖啡店般惬意的卖场休息室内，有位女士正在向店长萨拉学针织，她的胳膊上绕满了毛线。

"织脚跟的时候横向只织一半就行了。继续用棕色织吗？还是您想换其他颜色呢？"

"棕色挺好的。"

"那么试着横着织三十四针吧。"

"好的。"

她们一边不停地交谈，一边织着袜子。

"上次织的帽子，爸爸满意吗？"

"当然啦！但是他不相信是我给他织的。明天我打算在医院织给他看。"

"这想法不错呀，也教教爸爸针织怎么样？"

"也是。但他挺顽固的。"

年轻女士想在住院的父亲身边织完袜子，所以将毛线抱在怀里就离开了商店。

"来我们商店的顾客中，有一些人的家人患了癌症。癌症患者因为抗癌治疗而剃掉了头发，他们更加需要毛线帽。所以人们来这里学习针织然后将亲手织的帽子送给他们。这商店是对任何人都开放的，谁都可以来学针织，所以顾客源源不断。虽然这里不是心理咨询室，也没人特意召集聚会来抚慰客人的情绪。只是偶然地做针织遇到了，自然而然地交谈，也治愈自己的伤痛。"

这家小小的商店在波特兰能受欢迎的原因也正是如此。来这儿的顾客如同解开毛线团一样打开自己的心结。对有的人来说，针织只是小小的兴趣，对某些人而言却是祝福自己心爱的人早日康复的希望。HAPPY KNIT就是让许多人吐露自己心声的地方。开店刚刚三年，它就在波特兰18家毛线商店中维持着最高的业绩，其秘诀就隐藏在这些谈话中。萨拉向我们这样说起她的秘诀：

"我们店里卖的毛线和其他店里没什么区别，价格也差不多。我们只是创造了其他店所没有的环境而已。第一次接触针织的人们可以在这里学习针织，想来就来，想去就去。因为总是聚在一起，人们可以边分享有趣的见闻，边针织。就算带着在其他商店买的毛线来也没关系。"

将针织作为爱好一起分享

在创立这家店之前，萨拉只是一个普通的家庭主妇。忙于生计和相夫教子的她，唯一的爱好就是买针织物。但她逐渐对卖针织物的商店感到了不满。

"大部分商店都会对顾客很亲切不是吗？但唯独针织物品商店的服务员总是冷冰冰而且没有诚意。于是我有了这样的想法：开一家自己心目中理想的针织品店，让顾客在店里可以谈天说地，做针织打发时间。"

她的想法是正确的。不是单纯的卖毛线，而是打造一个喜爱针织的人们可以交流的天地。以此为目标，她聚集了几个人，开始了自己的事业。是对针织的喜爱将人们聚集在了HAPPY KNIT。现在作为地方居民消磨时间的场所稳稳地屹立在市场中。

"开始这项事业的时候，我最担心的就是女儿，因为她放学回来时我却不能陪在她身边。但是现在我的担心烟消云散。在这个地方，即使互不相识，也能因为彼此喜爱针织而成为朋友。在妈妈们针织的过程中孩子们自然而然也能成为朋友，我女儿也在这家店里结识了不少她自己的朋友。"

在当下，共同的兴趣是商业成功的关键。通过能到达世界各个角落的互联网和手机，共同兴趣的威力会变得更大。实际上，HAPPY KNIT网店开业没多久就获得了巨大的盈利。萨拉把HAPPY KNIT的成功归结为一句话："将针织作为共同的爱好一起分享，商品自然就会卖出去了。"

萨拉说将自己喜欢的事情付诸实践并成功是自己迄今为止最自豪的一次决定，她还说："创业进展得很顺利。在考虑这个问题上不需要一分钱，考虑创业计划的时候也不会用很多的钱，就只是夜晚躺在床上好好想一下自己的心愿就行了。"

HAPPY KNIT再次让我们意识到：生命的伟大之处在于，我们一生中存在着难以发现的机遇。与其在大企业中度过自己的一生，不如发现宝贵的价值并在日常生活中实现它。它的价值再怎么渺小，也足以满足你对崭新未来的期待。

快乐针织店毛线的颜色像彩虹一样丰富。

在波特兰市区正中央闪耀着温暖黄色灯光的
毛线店"HAPPY KNIT"有着自己的故事。

↓25岁波特兰姑娘的事业：
陪别人逛超市并制定食谱

> 逛超市最好逛超市外侧，超市中间主要是些加工食品，不利于健康。
>
> ——斯嘉丽

在波特兰，当你开始创业时，你会听到有人对你说："真是不错的想法啊！一定要试试啊。也许我能帮上什么忙呢。"在开始创业的时候，比起不安，他们心里更多的是热情。他们坚信如果是自己喜欢的事情，就算失败了，也会找到其他更好的方法去解决。而且他们多半是从小型创业开始，风险小而且不需要很多资金。

因为喜欢，所以从事

波特兰的年轻创业者斯嘉丽就是因为喜欢而开展事业的25岁女性。她向我讲述了她和顾客彼得在波特兰市区逛超市的一幕。

"彼得，逛超市最好逛超市外侧，超市中间主要是些加工食品，不利于健康。你知道柠檬能提高我们的免疫力吧？椰子也很好，以后喝水的时候试着放片柠檬或加块儿椰肉。多买点柠檬吧。"

"最近总是胃痛，去医院也没检查出具体原因，因此想请你帮忙。"

"彼得，你对健康的理解是什么？"

"就是正确的饮食方法再结合运动的结果吧。"

"对啊。所以以后我们首要注意的就是正确的饮食方法。事实上人人都想以饮食养生，只是不知道方法而已。健康饮食是因人而异的。对于健康的饮食习惯所具有的意义也有很多不同概念。我们会一起观察饮食带给你怎样的营养。还要从你喜欢的食物和不喜欢的食物中找出引发你胃痛的食物。"

和顾客一起逛超市给顾客定制食谱是件很奇怪的事情，但这就是斯嘉丽的工作。她是定制食谱的专家。她是怎么开始这项事业的呢？

斯嘉丽创业前传

"大学毕业后我在一家瑜伽房教授瑜伽。因为瑜伽和健康有着密切关联，学瑜伽的人很多。但在瑜伽房如雨后春笋般变多的情况下，我的瑜伽房在一年前倒闭了。那时我就想，我有必要找到自己独特的优势。脑海中首先想到的就是健康食疗。我平常很注意饮食，尤其是对健康有益的食物。在教授瑜伽的时候就经常给顾客们提些饮食的建议。那是我如今事业的雏形。"

她将脑海中浮现的新点子第一时间付诸了实践。灵活运用自己的优势，开始了制定健康饮食的计划，通过熟人的帮助开始了网络宣传。

"现在介绍饮食方法的地方有很多。他们所说的正确的饮食习惯都千篇一律。但我认为这不一定正确，再好的食物根据个人身体的不同都会有

和顾客一起逛超市给顾客定制食谱是件很奇怪的事情，但那的确是斯嘉丽的工作。她是定制食谱的专家。

利有弊。我要找到顾客身体的差异，并为他们初步量身定制食谱。下一步就是观察他们吃了食物后身体的反应，然后进行改善直到制作出适合他们的食谱。这种独特方式造就了现在的事业。"

25岁的年轻姑娘为45岁的邻居大叔制定食谱，毫无偏见地接受并交流双方的专业性意见，在这样的情况下小型服务便诞生了。

"我正努力让人们认识到饮食行为的重要性，它能为我们的身体带来活力。但让人遗憾的是，有很多人一边责怪身体不健康，一边继续着不健康的饮食习惯。我是能为他们制定健康食谱，给他们带去幸福的人。这份工作一点儿都不无聊，反而让我充满激情。"

查看一下居民的购物篮，制定出食疗食谱，斯嘉丽以此为动力进入了创业市场。她说：

"这里的人们给予了我鼓励，他们对我说：'那会是很不错的工作啊！'"

或许，对于现在的年轻人来说，他们需要的不是充足的资金，而是一句小小温暖的鼓励。

↓在首尔，
没钱也要GO

因为我们一无所有，所以也没什么可失去的。不管你手中的资金是零还是一千，现在马上就去尝试，你都能获得经验！

——金允奎

　　虽然位于首尔市中的钟路区，锦川桥市场却并不被很多人熟知。最近这个小市场内有个地方很受关注，就是名叫"热情土豆"的土豆炸货店。走进店内，像HIP-POP（嘻哈）歌手般戴着头巾的青年用洪亮的声音迎接着每一位顾客。在这个小小的面食店里，最先引起人们注意的就是墙上挂着的海报，上面写着"以热情回报热情"。仔细观察后发现就连他们的制服也与众不同。他们的蓝色衬衫上印着彰显自己个性的文字。背后写着"伟大的人做什么都会成功"的那个人可能是店长，他又是收拾餐桌又是迎接客人，忙得不亦乐乎；背后写着"土豆先生"的店员正一刻不停地忙着切土豆和炸土豆。在他旁边倒着啤酒，身穿"是买土豆，还是和我一起生活"的店员也同样忙得团团转。这群年轻的生意人在这个小小的商店里卖着炸土豆，传递着幸福，给渐渐冷清的市场增添了活力。他们所谓的销售热情究竟是什么样的呢？

98

青年商人团体势不可挡

他们第一个创业项目是以梨泰院某小巷为市场的文化咖啡店，称之为职员咖啡店。这是27岁想做生意的金允奎瞒着父母，悄悄拿出房租和志同道合的青年一起开的第一家店。之后他们利用手里剩下的钱于去年10月在锦川桥市场开了"热情土豆"店。今年2月份，他们还在同一个小巷里开了名为"热情烤肉"的肉串店。他们难道是想成为生意大亨吗？挑战不同领域，接连开展创业的动机是什么呢？作为青年生意人团体代表的金允奎在大学里学的是电子电气工程学，但他却走上了生意人的道路。

金允奎说："说到为什么创建青年生意人团体，我只是单纯地想和年轻的朋友们一起做事，一起吃喝，一起好好生活。"

他们并不只是为了收益，还想创建一个让人们都过得更好的世界。这群年轻人的成功并非一蹴而就，创业初期因为资金不足，店内的装修都是他们自己亲自动手；他们一天十五个小时以上的时间都在工作；八个人挤在一间小房里。熬过这样艰难的生活之后，他们明白了：生意场和人生都是一局棋，生意场就是人生棋局的缩影。不断重复的喜怒哀乐就是它的全部。再艰难也不会放弃自己的使命，同样，再怎么困难也不能放弃自己的事业。

奋斗的意志来自宝贵经验

"因为我们一无所有，所以也没什么可失去的。不管你手中的资金是零还是一千，现在马上就去尝试，你都能获得经验！先出发！没钱也要出发！我就是抱着这样的想法开始了创业。"

金允奎身上充满了20岁年轻人罕见的努力劲头，这种奋斗的意志不是凭空得来，而是来自宝贵经验。不同于在图书馆忙于达成能力指标的同龄人，他在足球场上卖过毛毯，也在蔬菜店打过工。这些为将来的生意事业打下了基础。比起成为一名普通职员，他想做相对比较辛苦的专业商人。

"进入企业拿着工资，仅仅是为了活着而活着。我不想过这种既定的生活。为了从推销员、经营人、创业者……这么多的道路中找到我能做好的工作，我参加了很多活动。最后发现做生意是最适合我的。"

创业为梦想的年轻人正在增加。在他们梦想的未来中，生意并不是全部。他们的梦想是通过连锁零售的形式壮大青年生意人团体，赢得人们的信任。

"虽然我们在长辈眼里是什么都不懂的年轻人，但我们想向他们证明为了建立美好的世界，我们也能发挥自己的作用。所以我们不会满足于一家店的成功，我们想让长辈看到我们能为身边的人带去正能量，不管是隔壁的大婶，还是水饺店老板，或是隔壁的隔壁卖烤鱼的奶奶。"

梦想、热情、收获

位于梨泰院某个小巷的"职员咖啡厅"是青年生意人团体的第一家店，也可以说是他们的创业基地。这类似于会议室的地方，已经变成了小区中人们的客厅。担任青年生意人团体战略策划的金寅石出来向我们介绍这里的整体布局。

"店里只有这一张桌子。多放几张桌子能增加收益，因为桌子的数量决定你能招待多少顾客。我们坚持在店里用这张大桌子的原因是它便于人们相互之间的沟通交流。就算第一次来这儿的人也能喝着咖啡和别人畅谈。"

凭借他们的真诚，青年们在小巷内取得成功后将目标扩大到整个小区。他们先是召集了小区的艺术家们，一起策划了本区的文化项目。去年年末，凭借发行的小区报刊《优势团》成功进入了小区市场。寅石相信生意人是能为小区带来活力和生机并促进经济发展的守望者。

"我们不只是单纯地做生意，我们也肩负着建设小区文化的责任。所谓的文化，不只意味着深奥的艺术，还有在人们生活的整体大氛围下意识的流动，我们就是使那文化不停流动发展的人。"

要在工作中找到感动

金寅石喝着美味的咖啡，向我说出他对于工作的看法："对我来说工作就是感动。做生意带给人们感动的同时，我自己也收获了感动，为什么这样说呢？我可以用辛苦挣来的钱给家人买好吃的，和女朋友一起旅行，这是感动。能和一起奋斗的朋友们聚餐也是感动，我们事业的成功能给身边的人带去正能量，这也让我感动。我做好我的工作也能积极影响到其他年轻人，这是向社会传递的感动。即使微不足道，也要思考如何给身边的人带去感动，这很重要。对我而言，能给人们带去感动的方法就是工作，而这种工作就是我的事业。没有不努力的道理。"

101

锦川桥市场并不被人熟知。最近这里的土豆炸货店——"热情土豆"很受人关注。走进店内，像 HIP-POP 歌手般戴着头巾的青年们用洪亮的声音迎接着每一位顾客。

在这家小店里，最先引起人们注意的就是墙上挂着的海报，上面写着"以热情回报热情"。他们的蓝色衬衫上印着彰显自己个性的文字。背后写着"伟大的人做什么都会成功"的那个人可能是店长。

工作不是仅仅意味着吃力和辛苦，也许还能从中收获巨大的感动。青年生意人团体并不向往富贵名利，他们懂得分享小小的温暖，并对生活充满了感激。在闭上眼睛进入梦乡之际，脑海中回味着今天的工作，并自我反省"今天我好好工作了吗"的这群年轻人，他们所售出的热情会带给他们怎样的感动呢？

↓趋势四：游牧工作者的理想国

Utopia for "Nomad-Workers"

"游牧工作"一词自日本作家佐佐木让[①]2009年首次提出以来便备受关注。游牧工作是代表游牧意思的 Nomad 和使用移动设备随时随地都能工作的 Working 合成而来的新词。

现代科学技术飞速发展，通过电脑可以在任何地方获得信息。越来越多的年轻人想在自己喜欢的地方自由地工作，就连普通工薪阶层的职员也想成为"游牧工作者"。这样，新型的工作方式以及提供这种工作方式的场所、机构随之产生。

从下文你可以看出，不同国家的模式不太相同。需要注意的是，自由自在的游牧工作者与单纯的非正式职员有着本质的不同，他们并非是没有能力从事正式职业的失败者，而是能够在宽松工作环境中协调生活和工作的自由人，是可以自由选择工作和生活的胜利者。

---

① 佐佐木让（1950~ ），日本作家。生于北海道夕张市，现居北海道中标津町。代表作品有太平洋战争三部曲（《急电：来自北方四岛的呼叫》《起飞：柏林的指令》《密使：来自斯德哥尔摩》）以及《警察之血》《绝望的废墟》等。曾获第43届日本推理作家协会奖、第142届直木奖等诸多奖项。佐佐木让的作品擅长将过去及现在的社会问题以通俗化的视角呈现，取材范围极广，且以严密的行文结构而广受好评。

↓在日本幸福终点站的游牧白领

公司上班的时间是"朝九晚六"，循环往复。但是在早九点和晚六点之间思维并不一定很活跃。成为游牧白领后我才发现我比较适合晚上工作。

——游牧白领山野耕平

夜晚，位于日本东京新兴街的涩谷被绚丽的霓虹灯点亮，宛如白昼。在这绚丽的灯光下面，在24小时灯火通明的咖啡店或者快餐店里，只有两种人，即花钱的人和赚钱的人。虽然在电脑前工作的人坐着，厨房里工作的人站着，但他们却在做着同样性质的事情——工作。坐在咖啡店或者快餐店角落里的，面前通常放着一台电脑，他们通常昼伏夜出，是一群从事特殊职业的人，美国经济杂志《商务2.0》称他们为"游牧白领"。

"游牧白领"，顾名思义，就是像游牧民族一样自由迁徙的白领。这是怎样的一种职业呢？首先，他们与四处游荡的流浪者不同，与没有正式职业打零工的临时就业者也不同，他们是具有专业性知识的劳动者；其次，他们就像游牧民族一样，在不同城市乃至国家间自由地迁徙。借助科技的发展，他们可以在世界任何一个地方工作，只要有电脑有网络。在日本，这样的游牧白领正不断增多。

改变不了现实那就学会享受现实

论资排辈发工资的终身雇佣制已成为往事。目前，正式员工的比重已由1985年的85%下降到目前的64.8%，非正式员工的比重则从15%增长到35.2%。

找不到合适职位的年轻人数量不断增多，想要获得安稳的生活越来越困难，这种情形下年轻人不得不放弃谋求稳定职位的想法，而选择同时打两三份工维持生活。他们成为最早的打工族和自由职业者。目前，日本的自由职业者已有220万，约为34岁以下劳动人口数量的10%。不仅如此，专家们预测由于就业冰河期的再次到来，自由职业者的人数还将继续增加。

与上述自由职业者不同，最近自发选择自由职业的年轻人不断增加。他们并非因找不到正式职业而临时兼职的短期自由职业者，而是为了自己欣然选择自由生活方式的勇者。他们倡导"自由自在的生活"，不久将成为就业市场的又一职业大军，描绘出日本新的职业蓝图。

改变不了现实那就学会享受现实。离开正式工作职位积极拼搏的新型自由职业者们已经登场。他们就是高科技的游牧白领。

游牧白领莱的一天

由于东京聚集了很多家庭式餐厅、咖啡店、快餐店等24小时营业场所，这是游牧白领工作的绝佳环境。日本青年莱就是一名游牧白领。对莱而言，涩谷的咖啡店不仅是奔波生活中可以充分休息的场所也是工作的场所。只要有电脑和网络，无论在哪里都能工作，比起正式的职业莱更满意现在的生活。但为什么游牧白领喜欢在外边工作呢？莱解释道："我每时每刻都需要灵感。比起拥挤狭小的空间，在嘈杂的开放式空间里工作效率会更高。我讨厌长时间停留在一个地方。可以说东京大部分独自居住的年轻人家里都很挤，他们和我一样从家里出来到公共场所寻找工作空间。"

　　游牧白领莱的一天有点特别。他每天早上出门到一家快餐店吃早餐，制定一天的计划。然后通过电子邮件接收工作任务，开展上午的工作。到了午饭时间，从拥挤的快餐店转移到便利店。在便利店吃完盒饭后去街上散步，一边休息一边在构思中度过中午的时光。下午的大部分时间是在咖啡店办公或者读书。有时候只在一家咖啡店，有时候一天换两三个地方。工作内容用电子邮件完成，会议通过电话进行，几乎没有需要与他人直接接触的工作业务。问他是否孤独，他说自由最好。对于他而言，游牧生活只是自己自然选择的普通生活方式而已。他认为在瞬息万变的时代游牧工作是一种明智之举。

　　游牧白领们需要工作环境，更需要工作机会。于是给他们提供见面机会的特别集散港诞生了，它就是位于东京原宿的幸福终点站。

24小时的自由而非"朝九晚六"的拘束

　　位于东京原宿的幸福终点站给来到这里的人提供办公空间和电脑设备，也就是所谓的联合办公空间。这里的环境和其他公司的办公环境没有什么不同，但这里工作的人们却是随时可以更换办公环境的游牧白领。

　　山野耕平是室内装修设计师，他已经辞职了三年零六个月。辞职后每天都来这个地方。他每天晚上来到幸福终点站，悠闲地喝着咖啡的同时利用提供的电脑干着零工。由于电脑办公，他每天能处理三至四家公司的业务，当然收入绝对不比以前上班的时候少。他非常满意现在的生活，因为没有时间的约束也不用看别人的眼色行事。他说："天气好的话就去附近的公园进行工作。有时候会去咖啡店和图书馆工作，在幸福终点站能够与和我一样的人交流，能给我一种工作的归属感，所以更多的时间会来到这里。这里的办公设备齐全，工作不会感觉不方便。"

山野耕平接着说："游牧工作的优点当属高效率的时间管理。回想起以前每天都被规定了的上下班时间，这种自由自在的时间安排会让工作效率更高。公司上班的时间是'朝九晚六'，循环往复。但是在早九点和晚六点之间思维并不一定很活跃。成为游牧工作者后我才发现我比较适合在晚上工作。晚起晚睡好像更符合我的生理特点，当你找到了工作效率最好的时段，集中力也就相应地提高了。"

日本的年轻人打破了"朝九晚六"的工作模式，不是通过公司强制性地分配时间，而是自己在全天24小时中自由地选择工作时间。不是让自己迎合职位，而是让职位迎合自己。

↓英国电子自由职业者的诞生

去美国的时候纽约的肯尼迪国际机场的休息室就是我的工作室。但是回来的时候问题产生了。在咖啡店工作上洗手间不方便，在酒店工作又觉得寂寞。所以产生了一个强烈的想法，如果把机场的休息室搬到都市中去会怎样呢。

——中央办公中心代表詹姆斯

国王十字区在英国不仅是交通集散地也是游牧工作者的聚集中心。他们在这里像上下车一样聚在一起，然后又单独离开。

中央办公中心：开启自由职业者的全盛时代

原本一个个单独行动，处于分散状态的英国自由职业者开始聚集在一起。国王十字区是交通要地，也是自由职业者聚居之地。这里的众多联合办公中心聚集了来自英国各地的自由职业者，最具代表的地方是"米兰中心"。

与日本的"幸福终点站"只提供办公场所不同，英国的联合办公中心不仅共享空间还共享信息，通过这种方式游牧工作者就不再是孤军奋战而是通力合作了。这些建筑物的规模不次于大公司，里面分布着各式各样的办公室。有的像咖啡店和机场休息室，有的像餐厅，还有暖和的卧室。特别是那些大家共用的长桌子可以让自由职业者们共享信息，开创新的产业。

为了支持自由职业者，中央办公中心不仅举办一些交流会和研讨会，还会组织一些与相关专家会面的活动。

　　中央办公中心的负责人詹姆斯解释说，这个新型空间将当今办公室实现不了的功能实现了。他说："去美国的时候纽约的肯尼迪国际机场的休息室就是我的工作室。但是回来的时候问题产生了。在咖啡店工作上洗手间不方便，在酒店工作又觉得寂寞。所以产生了一个强烈的想法，如果把机场的休息室搬到都市中去会怎样呢。"詹姆斯认为，如果不在隔离的办公室或者家里办公，个人的能力将会得到更大的发挥。如今很多自由职业者不再徘徊于咖啡厅和机场休息室，他们在新型的联合办公中心通过参与社区的方式使得工作效率更高，更有创造性。

　　大多数人都喜欢和他人待在一起，不愿孤独。虽然技术给他们带来了自由，但是他们不愿接受从群体中分离的现实。自由职业者们在像家一样的固定场所里一直工作的话会感觉到压抑，但长时间从事自由职业的他们要重新回归社会并不是一件容易的事，于是就形成了这样的社区。

　　英国的联合办公中心不仅保障了个人的自由，同时还使得这个团体充满能量。就像詹姆斯说的："联合办公中心的最大作用是使人们在工作中不再孤单，形成相互之间团结合作的工作环境。"

　　实际上，英国已经开启了自由职业者的全盛时代，他们的数量在迅速增多。仅这个地方的中央办公中心就已经在三个地方开设了分支机构，今年计划再在6个地方开设分支机构。这并不是自由职业者们暂时驻足的地方，而是产生创意，资源共享的平台。

与电脑亲密接触的21世纪自由职业者：电子自由职业者

在数字时代的今天有这么一群寻找机会的人。他们和电脑亲密接触，通过电脑创造明天。他们是21世纪新型的自由职业者即电子自由职业者。在现实世界和虚拟空间中，电子自由职业者的工作场所不是咖啡厅也不是联合办公中心，而是自己的家。

詹姆斯就是一名前卫的电子自由职业者。他从事世界各地名胜的摄影和录像工作，还和电影公司合作电脑动画。詹姆斯在过去的15年里与很多家公司有过合作，包括很多外国公司。但他几乎没有在公司上过班，因为通过视频和邮件就能够及时充分地完成工作。他向我们介绍自己的工作："每周要进行两三次视频对话以及和相关负责人开会，通过这种方式进行讨论。提交作品则是通过和工作伙伴在网络上共享一个文件夹，然后将作品上传到文件夹里。合作方确认过我的作品之后会通过视频向我进行反馈。到此工作基本就算完成了。"

现在的电子自由职业者主要通过网络资源获得工作。从开始找工作到找到工作，从递交工作成果到费用结算都要通过网络完成。像"自由职业者之家"（Elancer.com）这样的专业网站的出现为企业和电子自由职业者之间搭起了联系的桥梁。詹姆斯还认为电子自由职业者的办公效率更高，因为即便是在没有办公室和工作场所的情况下，电子自由职业者仍然可以利用电脑和网络完成大量的业务。他说："因为能够运用多种方式赚钱所以感觉会很好。最近正在进行动画制作，已经工作了五六个月了。因为差不多已经完成了，所以正在网上找其他的工作。这次想找关于录像和摄影的工作，虽然做动画制作的工作收入高，但不想只因为钱而一直做同一件事情。"

创造属于自己的九又四分之三站台

从IT技术里诞生的电子自由职业者是游牧工作者的变身，他们是在网络世界中游牧的人。现在，不用把他们聚集起来，只要将他们联系在一起便能发挥巨大的作用。每个电子自由职业者的创意聚合在一起就能创造巨大的经济效益。

青年吉他手雷克斯便是一位通过网络展示自身才能，从而创造出经济价值的电子自由职业者。弹吉他的雷克斯和IT领域有一定的距离，那他是如何成为电子自由职业者的呢？到他家看看就知道了。雷克斯的家布置得有些特别，像一个影像工作室，相机、照明器材以及各种音响设施占据了房间的一半。雷克斯将录制好的吉他教学视频上传到Youtube网站，根据点击量收费。有几个视频的点击量很高，因此获得了较高的收入。雷克斯每周给学生们上两三次吉他课，随着他在Youtube上人气的增高学员也在增加。最近他又在从事音乐制作。Itunes是展示音乐作品的最好平台，人们下载上面的音乐需要付费。雷克斯很有信心通过制作自己喜欢的音乐在这个平台上获得收入。

"自己能够独立工作真的不错，因为可以尽情享受喜欢的吉他演奏。其实早就想做这样的事情了，只是因为害怕失败未能成行。现在好了，终于开始做自己喜欢的事情并能从中得到收入。"雷克斯自豪地说。目前，他正在信心十足地创造一种新职业并称它为"免费下载音乐大师"。他认为数字技术中的创意蕴含着新生的事物。

雷克斯的故事清楚地告诉我们为什么电子自由职业者会备受关注。电子自由职业者并不是单纯地凭借其专业技术弥补空缺职位,更重要的,他们凭着自己的努力在网络上创造了新的事物。

从雷克斯的家出来走到国王十字火车站,许久不见的站台映入眼帘。墙上贴满了运输商人和鸟笼的画报,连站台指示牌上也不例外。这是《哈利·波特》中出现的九又四分之三站台①,让人想起哈利·波特生活的王国。在电影中小魔法师们通过九又四分之三站台进入魔法世界。从现实社会向虚拟世界过渡的自由职业者们也正在通过一个九又四分之三的站台,虽然看不清前方,但他们在努力实现自己的王国梦。

---

① 伦敦国王十字火车站(King's Cross)第9与10月台之间的九又四分之三月台。在《哈利·波特》的故事里,要前往霍格华兹魔法学校,必须在这里搭乘霍格华兹快车。

处于分散状态的英国自由职业者开始聚集在一块，
因为新的网络商务空间诞生了，这里的联合办公
中心只属于他们。

↓荷兰，
非正式员工的天堂

荷兰职场的最大特点当属同工同酬。正式工和临时工的劳动合同、失业保障和股票风险是一样的。

——荷兰前总理维姆·科克

羡慕临时工的正式工

"年薪3000万韩元（约合人民币17.2万）的你和年薪1200万韩元（约合人民币6.9万）的这位姐姐是朋友？我都不知道。虽然这位姐姐是签约3个月的合同工而你是签约30年的正式工，但真不知你俩还是朋友啊。"（KBS电视剧《职场之神》）很多职场人士脸上笑得很甜蜜，但内心却很辛酸，这种被扭曲的正式工和临时工的雇佣现状是电视剧中普遍的场景。韩国在"IMF时代"①以后终生雇佣制就已消失，临时工的数量因此猛增。职场身份的差异必定导致工资待遇的差别，许多年轻人在条件苛刻的职场

① "IMF"本来只是国际货币基金组织的英文缩写，但对韩国人来说，它却是一个令人谈虎色变的标识。1997年，亚洲金融风暴使韩国经济陷入严重危机，当时韩国的外汇储备只剩下可怜的39亿美元。为渡难关，政府不得不在当年11月向IMF申请了紧急救助贷款，代价是韩国的经济政策必须接受IMF的干预和监督。从此，韩国进入了一个"IMF时代"。接下来的岁月里，货币贬值、企业破产、公司裁员都给韩国人留下了惨痛的记忆。 2001年8月23日上午，韩国央行总裁全哲焕签署了一份意义非凡的文件，宣布偿还IMF最后一笔1.4亿美元的贷款。这意味着韩国提前3年还清了高达195亿美元的紧急救助贷款，IMF从此只能向韩国提供经济咨询，再也无权直接干涉韩国经济政策，韩国经济至此告别了"IMF时代"。

中屡受挫折，倍感压力。

如果给荷兰人看电视剧中的这个场景，他们会作何反应呢？荷兰大多数劳动者是按时临时工。由于正式工和临时工之间没有太大差异，所以并没有暴露出诸如上班条件及工资不同引起的问题。荷兰30岁的青年戴斯描述了荷兰完全不同的情景。

戴斯是位于阿姆斯特丹的荷兰抗癌协会的职员，从事募集资金和捐款的工作。他之前在一家公司安稳地工作了8年，两年前宣布自己成为自由职业者，并在多家公司工作过。戴斯是抗癌协会签约6个月的临时工，已经连续两次完成了续约。由于他在工作中受到了赞赏，所以这次打算继续续约。

在荷兰还有很多像戴斯一样的年轻人，他们对我所说的韩国职场现象感到很诧异。对他们而言没有特别的理由需要区分正式工和临时工。但我仍向戴斯表示怀疑，如果没能完成再次续约，是否还能像现在一样快乐？难道正式工和临时工真的没有差别么？

戴斯回答说："实际上也不全是这样。难道抗癌协会聘用我是因为只有我在募集捐款这方面做得好？我想这是对我寄予比其他普通职员更多的希望。当然压力也会比其他人大很多，虽然有些不公平但不至于心情变得糟糕。因为这说明他们认可了我的能力。"

戴斯的公寓位于阿姆斯特丹的郊区，他很小便从家里搬出来独自住在狭小的月租房内。一个月的房租1000欧元餐费500欧元，所以一个月至少要赚2000欧元才行。

他说："虽然工作室是临时的，房子也是租的，但并不担心。凡事都有解决的办法，房子到期后再找新的住处。"

戴斯有个即将和他结婚的女友，虽然他还没有正式的工作和房子，但这些都成为不了阻碍他们结婚的原因。正好这时戴斯正式工的女友艾斯特来了。

她说："在荷兰正式工和临时工几乎有着同等的工作待遇。比起正式工很多人更向往自由的临时工，因为临时工在一定的工作时间内收入更高。临时工所承担的风险更大，但待遇也会更好。最重要的是你想要什么。"

荷兰的年轻人这样在工作和生活中找到了平衡点。戴斯在抗癌协会的合约到期之后可能要失业一段时间，但他并不担心找不到工作，反而对未来的新工作充满期待。

"因为知道自己适合这样的工作方式，所以很期待今后的新工作。虽然不确定未来的工作是什么，但是正在努力寻找。短时间内好像没工作可做，不过也不用太担忧，因为这可以让我好好享受失业带来的假期。我已经整整工作了一年，所以打算明年一月份去旅行。"

戴斯对工作有这么坚定的决心原因在哪里呢？其实那份决心来自亲自创造明天的热情和国家及社会的强大后盾。

团结互助："浮地模式"的核心精神

现在荷兰25岁以下的年轻人打零工的比例达到71.9%。2011年，荷兰打零工的人数占全体劳动者的比例为37.2%。临时工这么多但却没有暴露出就业条件不好等问题，这是为什么呢？这是因为荷兰有一部名为《同工同酬》的禁止雇佣歧视法，该法是荷兰劳动政策的重心。

荷兰27%的土地在海平面以下，所以经常会遭遇自然灾害。为了从海中夺田，巩固陆地，人们经过长时间合作发明了用风车排水，填海造地，填海造的地称之为"浮地"。可以看出，很久以前荷兰人就懂得不可能以一己之力解决公共难题，大家必须学会团结合作，这种团结精神便是浮地模式的根基所在。正是这种共识成为了支撑临时工的市场动力，即荷兰雇佣文化的力量。

1980年，荷兰政府和劳动者一度处于紧张的对立状态。但在危机中，政府与劳动者并没有彻底敌对起来，反而发展了合伙经营，达成了"职位共享"的协议。根据该协议，通过缩短劳动时间，让原本两个人能做的工作现在三四个人同时来做，在合理利用零散劳动的时间中创造出最大的生产价值。为了解决失业问题，荷兰提出了"团结互助"的浮地模式，最终创造出了更多的工作职位。荷兰最大的工会组织荷兰工会总联盟主席埃勒卡·塔斯曼解释说，正是因为"浮地模式"，荷兰没有爆发暴力罢工事件。

"我们都知道比起暴力冲突，彼此尊重的平等对话会带来更好的结果。邻邦德国的雇工和劳动者关系一直比较紧张，即便他们达成了协议，过后还是会各自行动。但是我们和他们不一样，经过长时间的协商，雇主和工会会员可以坐在一起开心地喝啤酒。"

人们在荷兰都很乐意彼此帮助。在阿姆斯特丹遇见的戴斯即便没有固定的工作也会对未来充满希望。之所以这样就是因为荷兰有着健全可靠的劳动制度。埃勒卡在谈到未来的劳动市场时坚定地表示，荷兰的自由职业者将会拥有最多的选择。

"未来的青年劳动者和特别领域劳动者的固定劳动时间会减少，他们的地位会提高。这将产生两方面结果，一方面企业为了留住有才能的职员会努力提供比临时工更稳定的职位。另一方面，年轻人想多做一些临时工作以积累经验同时也会有较高的收入。这是未来发展的趋势。"

稳定的职位和自由的职位就像一边上升另一边就下降的跷跷板，它们能同时实现吗？埃勒卡坚信这样的日子不远了。

他说："现在网络方便，不管是在家，还是在高铁、火车站或者咖啡厅都能完成工作。只要能灵活地在网络工作和个人生活之间取得平衡，那么个人将会获得更多的工作决定权。最终，他们的生活不需要依赖谁也不需要干涉谁，他们将拥有自己的独立的人生。"

劳动时间虽短但是效率很高，临时工和正式工之间没有什么差别，再加上自由的工作时间，可以说，荷兰的游牧工作者与在咖啡厅和办公室固定场所工作的人不同，他们四处工作的同时也在生活。他们是在开放的国度里做着多种职业同时怀揣自我梦想的荷兰临时工。

保持生活和工作的平衡

维姆·科克总理说："荷兰职场的最大特点当属同工同酬。正式工和临时工的劳动合同、失业保障和股票风险是一样的。除了因工作时间不同而薪酬不同外几乎没有差别。而且我们没必要对此进行特别的争论，因为这里不会因工作方式不同而被差别对待。"

最近荷兰临时工中打零工的人也开始增多。因为在法律和制度的保障下，人们更想保持生活和工作的平衡。

"举个例子，最近很多有孩子的女性会选择打零工，当然也有很多男性做这样的工作。钱和工作都很重要，但人们不是为了工作而活着，而是为了活着而工作。相比其他方面，最重要的是生活的质量，每个人都希望从事时间短的工作。如果企业为此增加员工的话，那么企业和个人都将成为赢家。"

他认为，比起执着地追求一份稳定的职位，年轻人像游牧民一样从事多种工作并创造自己的事业更为重要。经过多年的自由职业工作的锻炼，年轻人才能在稳定的劳动市场中找到理想的职业。所以，如果一直找不到稳定工作又不愿从事临时工作而处于失业状态的话，他们想找到理想职业的愿望就只能是做梦了。并且，如果一直持续这种状态的话，便会颠倒有工作和找工作两者的主次关系。我们这一代人会竭尽全力地帮助他们，为他们创造职位是我们的义务。

戴斯的公寓位于阿姆斯特丹的郊区，他很小便从家里搬出来独自居住。他说："虽然工作室是临时的，房子也是租的，但并不担心。凡事都有解决的办法，房子到期后再找新的住处。"

荷兰最大的工会组织荷兰工会总联盟主席埃勒卡·塔斯曼是这样解释浮地模式的：很久以前荷兰人就懂得不以一己之力解决公共难题，大家团结合作，这种团结精神便是浮地模式的根基所在。

↓趋势五：回归本土经济时代

Return to Local Places

入选今年牛津词典的单词中有一个是土食者 Locavore，"土"是指各地区生产的时令食物，"食"是一个拉丁语，是"吃"的意思。总而言之，土食者是指本地区生产的物产由本地区来消耗的行为。土食者的优越性是物产的运输距离短，产品非常新鲜且价格低廉，能够减少运输过程中二氧化碳的排放。最重要的一点是能激活当地经济发展动力，这种新的形式备受世界关注。

如同"土食者"的快速流行一样，最近"本地"，即对于自身所属地的关注度越来越高。在目前的地球村倾向的大环境下，这无疑是一种高举反旗的大胆行为，创造性地强化了"本地化就是全球化"的理念。这种地区指向性的思想也适用于工作职位，青年们在选择就业城市时不要单方面专注于大城市，可以选择自己的故乡或居住条件较好的地区。可以说，想要实现个人生活与工作的平衡，它将是目前为止最为有力的应对方案。

↓开始经营
家庭酒庄和餐厅的意大利青年

> 最初是以帮助父母的初衷开始接手葡萄酒业，现在是秉承希望完成内心愿望的想法而工作。我们的葡萄酒非常甜美，而且优雅，味道香醇浓郁，在创造葡萄酒的同时也能够完成我的人生。
>
> ——年轻的葡萄酒事业家吉奥瓦尼

最近在意大利涌现出一批怀揣梦想的青年，致力于恢复本地区的地方经济。虽然促成这种现象的一部分原因是大城市就业难度的增加，但是也有一部分青年，在结束其他地区或海外学业之后，主动回到家乡继承家业，引领故乡的地区经济发展，而且怀揣这样抱负的年轻人越来越多。

酿熟年轻人希望的葡萄园

米兰西南方向的罗埃罗地区到处飘溢着甜蜜的葡萄香，是有名的葡萄酒产地，在这里工作的年轻人居住在哥特式宅第内。吉奥瓦尼经历了一段长时间的海外学习之后，毅然回到家乡继承家业。他说："我们的葡萄酒非常甜美，而且优雅，味道香醇浓郁，在创造葡萄酒的同时也能够完成我的人生。"

吉奥瓦尼从一个文弱的大学毕业生，变成一个拥有黑黝黝的皮肤和结实身体的事业家，他自豪地说道：

"每个夏天都非常炎热，不过只要在入夏前二十天下一场甘霖就没问题了，因为葡萄能够充分吸收水分，这场甘霖对于葡萄结果非常有利，到了第二周的星期三或星期四就能收获了。"

吉奥瓦尼在介绍宝贝般的葡萄时，脸上洋溢着自豪感和自信心，这是享受"我的职业"的人所特有的活力和自信。目前吉奥瓦尼虽然还跟随母亲不断学习，但是已经有了自己未来的构想和展望，并为此充满热情。

"我们计划在保持传统葡萄酒制造技巧的同时，不断运用新的市场营销技巧，以网络在线为平台构建销售网。"

目前在意大利像吉奥瓦尼这样的年轻葡萄酒事业家数量剧增，意大利葡萄酒销售量已经超越以往的数量，这主要归功于那些年轻葡萄酒事业家的革新想法和市场营销手段。

徜徉于数百个葡萄酒储藏桶中，吉奥瓦尼谈到自己的未来时说：

"我想酿造一种能够充分代表'我们'的葡萄酒，维持传统酿制方法的同时挖掘新的酿制方法，成为一个创新型的葡萄酒匠人。透过每天酿熟的葡萄酒，我能清晰地感觉到自己像是也在发酵和变化。最近积累了很多有趣的酿制经验，酿造了一点霞多丽葡萄酒用作测试。在散发出很多果香的同时还感受到纯正的树木香，让味道变得更加浓郁。"

吉奥瓦尼的梦想是人们在品尝葡萄酒时能够准确通过品尝判定出罗埃罗葡萄酒的美味。他父亲的梦想也是如此，经过一段时间后，葡萄酒的味道变得越来越浓郁。吉奥瓦尼通过长时间跟父母学习，离自己的希望和梦想越来越近。

目前在意大利像吉奥瓦尼这样的年轻葡萄酒事业家数量剧增，意大利葡萄酒销售量已经超越以往的数量，这主要归功于那些年轻葡萄酒事业家的革新想法和市场营销手段。

另一个能够找到"我的职业"的大舞台：家庭

吉奥瓦尼的母亲奥斯内拉现在感到非常幸福。

"我真的非常高兴我的儿子能够继承酒厂，当他自己作出这个决定时，我非常吃惊。我努力让他在做自我选择的时候不受到任何压力和影响，我认为他应该选择他自己喜欢并想要做的事情。虽然这个酒厂传了一代又一代，但是酒厂的规模和运营状况发生了很大变化。他爷爷那时采用其他方式和广告创意来酿造葡萄酒。现在的时代变了，他去世之后吉奥瓦尼的父亲马特奥又选择了新的不同道路。现在，吉奥瓦尼也选择了他自己的不同道路来继承这个家业。"

奥斯内拉认为相比起那些选择大城市或选择去海外工作的年轻一代，那些回到自己家乡并在本地寻找工作，发展本地产业的年轻人做出了更为明智的选择。

"时代在变化，如今在乡村农场中工作会有更好的待遇。我的丈夫马特奥从继承家业开始到现在不过20年的时间。在这20年间发生了很大变化，我们采用了新的经营方式。虽然白天常常在仓库或农田里辛苦工作，但晚上工作结束之后我们会到最高级的饭店品尝我们的葡萄酒并优雅用餐，也会乘坐飞机到地球另一端旅行。当接触到其他不同文化时，我们会认真学习新文化，积极将它们与我们的葡萄酒相融合。世界越来越开放，能够在最安全的地方与最信任的人一起进行日常劳动，这会令你感到非常愉快。在广阔的世界中把梦想放飞，精心勾画自己的未来。"

128

吉奥瓦尼通过家庭经营改变了对工作地域和工作岗位价值观的认识。偶尔他也会反问自己，是不是从事什么样的工作就会有什么样的梦想，但事实是无论如何，与其跑到遥远的地方过着异常忙碌的日子，不如回到家庭的怀抱，在这里原本模糊的梦想会变得越来越清晰。

时代在变化，如今在乡村农场中工作会有更好的
待遇。吉奥瓦尼通过家庭经营改变了对工作地域
和工作岗位价值观的认识。

↓ 与青春一起绽放的
皮革工艺学校

> 我们不使用机械，只使用三种工具来创作，分别是心、脑、手。每天我们都不会重复工作，工作中的每个时刻都有所不同，这就是作坊的魅力所在。
>
> ——皮革工艺学校学生弗朗切斯科

美国经济学者恩里科·莫雷蒂认为"全球化经济逆向说"的核心便是人才自动地在世界范围内转移。随着市场逐渐扩大，产业发展到自动化阶段，人才资源的汇聚不再有任何国境限制，地区工作职位逐渐消失。 这个假说如果在世界范围内已经成为一种事实，那么在地方经济的发展中是否会有所不同呢？

换句话说，如果全球化经济引起工作职位数量上的下降，那么相反地区经济是否会对这一数字在一定程度上加以弥补呢？这正是地方经济论的重要着力点。意大利是观察地方经济活跃性最具典范性的参考。

与皮革匠一起呼吸的皮革作坊

托斯卡纳地区的佛罗伦萨被称为"艺术之都"。城市各个角落都洋溢着独特的佛罗伦萨风格。

佛罗伦萨是但丁、达·芬奇、米开朗琪罗、伽利略、波提切利等著名人物出生或留下足迹的地方，也是浪漫美丽的中世纪城市，被列为联合国教科文组织文化遗产。大规模的工商业因为城市的独特性不能进行全面的发展，佛罗伦萨的工作岗位主要集中在旅游和服务业。最近由于全球经济不景气，游客数量骤减，这给当地居民带来了担忧。

但在这里，本地经济发展非常迅速，非常繁荣，并没有受到世界经济的负面影响。拥有500多年历史的皮革工艺学校Scuola del Cuoio就是其中的原因之一。这所皮革学校生产并销售皮包、饰品、服装、生活用品等各种领域的皮革制品，同时它也教授专业的皮革工艺技术。

这所皮革作坊位于佛罗伦萨的圣地——圣十字教堂内。圣十字教堂虽然不是很宏伟，但是给人一种神圣典雅的感觉。教堂内走廊的一侧是古老的工作台，一些年轻人在安静地裁剪皮革，裁剪的方式依旧沿袭300年前的古老传统。年轻学徒为了学习这种古老技术，需要练习时间。弗朗切斯科在这个皮革作坊里学习了10年的传统技术，经历了长时间学徒训练，终于在不久之前成为了真正的皮革匠。

"我是土生土长的佛罗伦萨人，对这个艺术之都深感自豪，自然而然要留在这里工作，我在皮革匠中算是比较年轻的一个。"

弗朗切斯科对于自己的工作有着坚定的信心。他自信自己的皮革工艺不亚于那些大企业的知名皮包工艺，许多大企业都会在这狭小的作坊内定制皮包。

"大公司终究还是企业，有一个生产产品的工厂，并不是皮革匠们的工作作坊。由于企业追求数量，大部分工作需要依靠机械来完成，每天可

132

以做100个以上的皮包。但是皮革作坊一天最多能做两三个成品，所有工序都依靠手工来完成，每一个皮包都不一样。我们不使用机械，只使用三种工具来创作，分别是心、脑、手。每天我们都不会重复工作，工作中的每个时刻都有所不同，这就是作坊的魅力所在。"

用心、用脑、用手制作的皮包会怎么样？尽管经济不景气，但是皮革作坊的销售量日益增加。即使价格昂贵，从世界各地前来购买的顾客依然络绎不绝。最终当地经济得到了发展。这些深知传统工艺价值的子孙后代感恩于他们的先祖。

"我真的非常喜欢这个地方，全世界很多的年轻人都来到这里。尤其是很多东方年轻人想学习这里的皮革加工技术。皮革作坊常年开放，谁都可以学习，唯一的要求是热情。"

正如他所言，皮革工艺学校的亚洲学生迅速增加。

在这里不仅能够学到金箔技巧，还能够学习将皮革制作成艺术品的技巧。最重要的是在此地能够利用自身学习到的技术来开创自己的事业。

皮革匠并不傲慢也不排外，他们能够接纳异乡人。虽然立足在此地，但他们的眼界已经眺望至全世界。

拥有500年以上历史的这所皮革作坊位于佛罗伦萨的圣地——圣十字教堂内。弗朗切斯科说："我真的非常喜欢这个地方，全世界很多的年轻人都来到这里。尤其是很多东方年轻人想学习这里的皮革加工技巧。"

↓济州岛：
不在工作中死去，就在工作中飞翔

最初来到济州岛是被当地的自然环境所吸引。

昏暗的黎明与熹微的晨光相交替的瞬间，济州岛总会毫无保留地发散它迷人的魅力。

所以我下定决心，要在自己喜欢的地方做自己喜欢的工作。

这样改变一下思路，工作也就变得更加容易。

——济州岛乡村木匠李载仁

最近韩国逃离城市的年轻人逐渐增加。由于就业难和居住费用较高等问题，年轻人逐渐脱离憋屈压抑的城市生活，移居到乡村地区。对于他们来说，赚大钱并不是他们的生活目标，他们看中的是地区整体的发展前景，想要零压力地生活和工作在一种轻松的环境中。实际上济州岛的纯外来人口数在2010年是437名，而到了2012年却增加到了4873名，以两倍以上的速度快速增加。从离开到回归，济州岛地区开始实现逆转和复兴。

在济州岛这种纯净的环境下，年轻人开始创造无公害的环保型职业。济州岛主要依靠从其他城市移居过来的年轻从业者重新焕发了朝气，他们成为推动济州岛经济发展的新力量。这些移居的年轻人身上会有着怎样的故事呢？

为寻找家而离开家的乡村房主

　　济州漫步小路上的小短腿马是旅行者的里程碑，这种短腿马的名字叫甘泽，在济州岛方言里，那些慢吞吞的懒人又称为甘泽腿。在十字路口指路的甘泽里程碑外表虽然看起来像可爱的玩具，但是对于旅行者来说，甘泽里程碑记载着他们所必需的信息。甘泽腿指向的方向就是前进方向，在躯干上写着前进路线和位置号码、重点事项等相关信息。在空旷的大路上，按照小小的甘泽里程碑上的信息前行，就像拨云见日一样，这是济州漫步小路游所特有的情绪。在这里世界上任何一个懒人应该都能够安心平静地走在属于自己的道路上吧？

　　位于济州岛城山附近的终达里拥有济州岛传统石墙砌成的农家小院，这些农家小院参差不齐地聚集在一起组成了这个淡雅的村庄。与普通农村一样，村子里的年轻人都到了大城市里生活，在这里老人的身影较多。进入村子深处，即使是在白天也能在屋顶上看到黄色月亮的标志。宾馆"月亮屋"是由历史悠久的农家住宅改造而成，为旅行者们提供住宿。屋顶上悬挂的黄色月亮招牌令走在济州小路上的旅行者们像是看到灯塔的亮光一样，感到非常欣喜和期待。在这个房间面积不大，有着古老顶棚的雅致宾馆"月亮屋"里，游客身心得到放松。房间内安置着最基本的住宿设施，像普通楼房公寓一样装饰温馨，这令从各地而来的旅客们一扫疲惫。

　　这家旅馆的老板并不是土生土长的终达里妇女，而是30岁左右的成熟都市女性安娜。

来这之前，安娜在首尔做设计工作。三年前到济州岛旅游之后，便对济州岛的美景念念不忘，基本每个月都会去一次济州岛。一年前安娜就下定决心移居到这里生活。

"当时之所以能够下定决心移居济州岛，主要是因为我想舒适地度过我生命里的每一天。我想建立属于自己的工作室，与自己的好友一起工作。最初来到这里时，要寻找自己居住的地方，又要寻找一个能够赚钱养活自己的工作，经过多方面考虑最终签订了这家宾馆。刚开始时每天都非常忙碌，自身对工作不熟悉，每天都很疲惫。现在慢慢适应了这种生活，我还准备开一个工作室，慢慢实现自己的梦想。"

安娜并不是为了找工作而离开城市，她想找一个适合自己的环境空间。为了在此处定居，她才开始努力寻找适合自己的工作。最初是为了解决自身的生计问题，但是在济州岛这样富庶之地，她渐渐发现了自己工作的新价值。

"最让我满意的是能够随时登月朗峰。每当工作疲惫时，我都会登上月朗峰，舒缓一天的工作和生活压力。经营这个宾馆的另一个礼物就是与顾客的互动，通过与顾客之间的交流，让我对自身的工作和生活有了全新的认识。这里为我的心灵提供了一个安全的港湾。"

现在有很多年轻人像安娜一样，选择自己喜欢的地方定居，他们并不是随着工作计划或生活设想而选择移居地点，而是为了选择自己的生活舞台。之前，安娜曾经周游世界各地。虽然有一段时间停留在其他国家，但是安娜渐渐意识到寻找一个自己想要生活和工作的地方是何等重要。

济州漫步小路上的小短腿马是旅行者的里程碑。甘泽腿指
向的方向就是前进方向，在躯干上写着前进路线和位置号
码、重点事项等相关信息。

进入村子深处，即使是在白天也能在屋顶上看到黄色月亮的标志。宾馆"月亮屋"是由历史悠久的农家住宅改造而成的，为旅行者们提供住宿。

去自己想要生活的地方工作

安娜移居到终达里一晃已经五个月了，她已经适应了这种乡村生活，村子里的大事小事她都会参加。今天需要为村子里的三个奶奶制作胡同入口处的椅子，这三位奶奶每天都在一起，为她们制作三把椅子，方便老人家在胡同内休息。

沐浴在济州岛明媚的午后阳光中，健壮的载仁来到月亮屋庭院。载仁现在是安娜的邻居，而不久前他还是月亮屋的客人。他非常喜欢旅游，不久之前来到此地寄宿在月亮屋。载仁喜欢手工制作，他决心成为一名木匠，他曾经学习过考古学，在旅行途中发现了这个美丽的地方，并确定了自己的职业理想。

载仁说道："我喜欢动手制作，这跟用机械或铁片切割出来的质感完全不同，因为树木和人类一样也会衰老，留下时间的印迹。最初来到济州岛是被当地的自然环境所吸引，昏暗的黎明与熹微的晨光相交替的瞬间，济州岛总会毫无保留地发散他迷人的魅力。所以我下定决心，要在自己喜欢的地方做自己喜欢的工作。这样改变一下思路，工作也就变得更加容易。"

这里更需要懂技术的年轻人，这也是他留在这里的理由之一。

"现在很多人都来到这里生活，我的工作也变得更加繁忙，建立房屋、咖啡店等基本设施。我希望自己能够成为村子里有名的木匠。"

安娜仰视悬挂在房顶的黄色招牌说："这个月亮屋的牌子还是载仁帮

我挂上去的。"

随着时代的迅速发展，越来越多的人将回归传统的生活方式，他们自己建造房屋，翻耕土地。这样的人会越来越多。

创造快乐体验的幸福移居

移居到自己想要生活的地方是每一位自由人的权利，现在也出现了公司集体迁移的案例。韩国Daum网络公司从2004年开始便筹划将公司本部从首尔迁移到济州岛，最终在2012年完成迁移。

绿色草坪上矗立的Daum公司办公楼与济州岛的自然风光自然协调地融合在一起，Daum公司的快速发展促进了地区和企业共同发展。

Daum通讯的朴大英理事长确信他们的实验非常成功。

"目前有350多名员工在这里上班，调查结果显示其中有90.3%的员工非常满意此次公司的迁移，创意性和业务集中度逐渐提高。最近入职Daum公司的新员工中，大部分人都是因希望能够在济州岛工作而入职。"

现在的年轻人并不希望在那些不具备任何生活质量的地区开始自己的工作和职场生活。当他们感受到生活满足感时，便开始追求田园生活。济州岛和Daum通讯公司为年轻人提供了新的空间和新的生活思维方式。

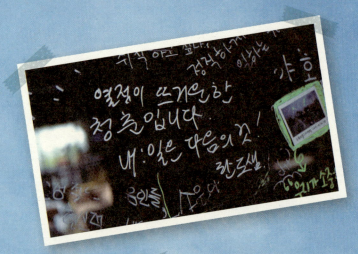

绿色草坪上矗立的Daum公司办公楼与济州岛的自然风光自然协调地融合在一起，Daum公司的建筑形象化，内部装修精美。Daum通讯的朴大英理事长确信他们的实验非常成功。

↓趋势六：社会事业的全盛时代

E

Entrepreneurship for Social Good

　　谁说社会是由少数自私的库斯经济者构成的？社会也有给予他人帮助的公益事业。无论是对社会还是对创业者自身，这种社会事业都能使他们变得丰富起来。社会事业不仅是一项事业更是改变人们的种子，是谁都可以拥有的种子，是谁都可以使之绽放花朵的种子。它可以安慰他人，治愈世界经济的创伤。现在我们进入了社会事业的全盛时代，社会事业将使满是创伤的世界好转。

↓孟加拉国的乡村银行

> 年轻人能够准确把握动向的变化。随着时代的巨变，在他们短暂的人生中将不可能变为可能。并且10年后许多现在认为不可能的事都将变成现实。
>
> ——孟加拉国乡村银行创立者穆罕默德·尤诺斯

为了解决居高不下的失业率和日益严重的贫富分化问题，投身公益事业的人也日益增多。这些追求公共利益的企业也可以被叫做社会企业"social enterprise"。这些企业专门为最底层的人民提供社会服务和工作岗位，以此来提升他们的人生质量，也通过进行营利性活动来获得收益。而且，把社会企业这种慈善事业推向世界各国进而广泛传播的人正是孟加拉国乡村银行的创始人——穆罕默德·尤诺斯[1]。

---

❶ 因为格拉明乡村银行，穆罕默德·尤诺斯获得了2006年度诺贝尔和平奖。格拉明乡村银行模式是一种非政府组织从事小额信贷的模式。格拉明乡村银行创建于1974年，80年代在政府支持下转化为一个独立的银行，但实质上仍为非政府组织。格拉明以小组为基础组织农户，要求同一社区内社会经济地位相近的贫困者在自愿的基础上组成贷款小组，相互帮助项目选择，相互监督项目实施，相互承担还贷责任；并在小组基础上建立活动中心，作为进行贷款交易和技术培训的场所；发放无抵押的、短期的小额信贷，但要求农户分期还款，定期参加中心活动。对于遵守银行纪律、在项目成功的基础上按时还款的农户，实行连续放款政策。经营机构本身实行商业化管理，特别是以核定工作量为中心的成本核算。

小额贷款，贷出的是机会，收获的是人生变化

以前，大家都认为如果以贫民为对象开展业务将会一起变穷，但乡村银行首先打破常规，并将贫民事业发展成为收益最高的公益性事业。孟加拉国的在职教授尤诺斯将钱借给了那些因为20美元就饱受高利贷债主折磨的贫民，这就是这项事业的开始。

"进行掠夺式贷款的高利贷者控制一个地区，然后将钱以很高的利息借给贫民，这种长久以来的惯性正在蔓延。我想根除那样的惯性，想尽可能帮助他们改变命运。但来自各个阶层的反对声音异常巨大，特别是贷款给女性，遭到了宗教方面的强烈反对。"

他创立了乡村银行，并以"没有不可能的事"为信念。大多数银行家都认为，贫民们信用不高，将钱借给贫民是件不靠谱的事。一个平凡的教授做成了这件不靠谱的事。

"首先给贫民女性30~35美元的小额贷款作为支援。这对于她们来说已经是很大的挑战了，因为连她们自己都强烈怀疑，是否能用这些钱改变命运，是否能赚到钱。但是，那些女性通过灵活运用那些钱，通过自己的双手使她们自己的生活发生了变化。每天、每周、每月的反反复复赚钱还钱也使她们的自信心在不断增强。贷款一年以后，她们不仅将钱全部还上了，而且自己也脱胎换骨。这就是小机会带来的大变化。"

尤诺斯相信贫民们需要的不是施舍而是能够使他们自立的机会。因为施舍是一次性的，会使人们产生依赖，并阻碍他们内在能量的发挥。

乡村银行，将机会贷给那些急需他人帮助的贫穷者，并将他们的变化

作为利息。在乡村银行开办的3年内，已经帮助500多个贫困家庭从绝对贫困中摆脱了出来。

现在全球已有37个国家正在开展小额贷款运动，业务对象多达9200万名，相信不久以后它将会遍及世界各国。2006年，尤诺斯成为了诺贝尔和平奖的共同受奖人，他在拉动弱者的社会经济发展方面所做出的努力得到了肯定。但他更大的贡献是证明了没有不可能的善行。他说，能否开始做善事与有无成功的经历是没有关系的，年轻人反而更能够出色地做好善事。

"年轻人能够准确把握动向的变化。随着时代的巨变，在他们短暂的人生中将不可能变为可能。并且，10年后许多现在认为不可能的事都将变成现实。"

我们每个人都拥有潜在的力量。但是在知道有这样的事实之前，那份只属于我们自己的工作却被埋藏。假如尤诺斯只是停留在自己的世界，只是满足教学的话，就不会发现饱受高利贷债主折磨的女性们。就像他说的，没有不可能的事。"Impossible"只要加上一个标点就变成了"I'm possible"，所以，无论是在金融业还是在其他各个方面，改变人生的事通常都是从一个小小的支点开始的。

↓募捐专家学校：
聚集的不是钱而是人心

懂得了募捐不是聚集起钱而是把人心聚拢起来。难道还有比获得人心更重要的事情么？

——募捐专家学校学生张佑石

有这样一群特别的专业人员，他们能够使小气鬼和守财奴产生捐款念头。在很早以前，美国和欧洲的募捐专业人员"fund raiser"就已经职业化，但在韩国从事募捐活动仍然属于新兴职业。募捐专家正如字面意思是为公共利益募集资金的人。他们的活动大致分为两个部分。一部分是为发起募捐制定团队战略、计划相关活动。另一部分是按照计划对外开展募捐，帮助团队完成使命。简而言之，募捐专家就是使那些非营利团体机构不受经济困扰，对它们进行全方位指导的专家。

据统计，韩国有36%的国民都有过募捐的经历，但是与募捐已经职业化的美国相比较，韩国还处在起步阶段。韩国对募捐的认识和对主办方信任度不高，负责募捐的专家人数并不是很多。在美国，每个地区都有专门从事募捐的财团，大部分的商务学校也都开设有资金募捐课程。如今，韩国对于慈善事业的关注度也越来越高，对于支持非营利团体的募捐活动也越来越多。民众转变了对募捐的认识，学校开始积极培养专门的募捐专家。

募捐专家是社会的桥梁

募捐专家学校——希望研究所，于2009年建校。在我们采访的时候，已经有八届学生从这里毕业。通过给这些对募捐感兴趣的人员集中进行为期11周的培训，使他们实现成为募捐专家的梦想。毕业于募捐专家学校并创立专业募捐公司"人树"的李瑞熙代表说，募捐专家就是能够改变我们社会的"Change Maker"。

"我认为募捐专家就是社会的桥梁，起到了沟通社会的作用。社会上有很多捐赠者希望将钱花到有意义和有价值的地方。同时也有帮助困难的人因资金缺乏无法继续慈善事业的慈善团体。募捐专家将捐赠者和受惠人群连接了起来。"

募捐专家并非单纯地将钱聚集起来，相反他们将大家团结起来传播捐赠价值，拓宽捐赠范围。实际上在美国，募捐专家已经成为一种正式的职业，作为一种被认可的高收入职业。李瑞熙代表确信，终有一天募捐专家也会作为高收入的正式职业在韩国得到认可。

他说："实际上在管理这个募捐专家学校时收到了来自各个地方的邀请。有大学、医院、宗教团体等，营利性的公司也请求推荐募捐专家担当财政方面的职务。我认为，募捐专家在韩国早晚会占有一席之地。"

进一步普及捐赠文化

募捐专家帮助困难的非营利团体，使韩国的捐赠文化进一步普及。在过去的11周里，修完募捐专业课程的大学生张佑石被募捐专家这种职业规划和职业理想所打动，准备将募捐专家作为自己未来的职业。他在大田上学，即将毕业。每周他都会兴致勃勃地来到首尔实习，究竟是什么吸引他来到这个地方呢？

他说："每周从大田来到首尔真的很累，但也有比我更远的人。无论如何，能够学习帮助社会真的很幸福。在这里一边做着募捐实习，一边了解到募捐专家的作用究竟有多大。懂得了募捐不是为了聚集起钱而是将人心聚拢起来。难道还有比获得人心更重要的事情么？"

毕业后为了跑在就业大军的前面，现在正是积累经验的好时候。但是比起梦想从事高收入职业的青年，张佑石却将能够聚拢人心的慈善事业作为自己的职业梦想。

"大多数朋友都从事了高收入的职业。为了尽快积累经验和名声，被所谓的大企业所诱惑，完全不顾自己的感受。我不想从事那种被钱和名利牵绊的职业，想过更自主的生活。去大企业就职当然也不是坏事，它们也是社会必需的组成部分。但是在那样的企业里不能实现我的梦想。虽然我没有做过募捐专家的经历，也不知道会变成什么样，但是我相信我会幸福的，因为我选择的职业是使社会变得更好。"他说。

也许募捐专家是通信专家的一个别名，他们的工作不只为了募捐到钱，还通过分享价值使人们相互之间打开心扉。他们获得钱的方式不是通过激烈的竞争，而是源于人们心中对美好世界的祝愿。募捐专家扩展了钱的用途，同时也扩展了慈善事业的明天。

↓ 韩国开放式衣橱：
将正装借给口袋空空的求职者

现在我不仅拥有自己的幸福还拥有别人的幸福。因此我的幸福指数在上升，社会事业的力量不正是这个么！

——韩国开放式衣橱的代表韩万日

357000元（约合人民币2042元）是求职者为了面试购买正装时需要的费用（2012年求职网站专门调查的资料）。面试时购买平时不经常穿的衣服的费用不是一笔小数目，尤其是对于家庭贫困的求职者而言更是不小的负担。幸好出现了公益租赁公司，它们以低廉的费用租给求职者合身的正装。社会事业"开放式衣橱"将压在衣橱里的正装租给需要正装的求职者。

求职面试的完美形象导师

位于首尔市广津区华阳洞的开放式衣橱基地内，数百套正装在等待它们新的主人。那位正在给即将面试的求职者量尺寸、选鞋子和挑选领带颜色的男子就是开设这家开放式衣橱的韩万日代表。

"顾名思义开放式衣橱就是把衣橱打开。如果所有的人把他们的衣橱打开共享会怎样呢？我以这样的想法开始了这项事业。周围很多人为求职

　　一个人"打开尘封衣橱"的创意造就了开放式衣橱。
一套偶然租来的正装带来了好心情，我们的社会一直
渴望这种温暖的变化。

成功而购买了正装，认为以后会一直穿。可是就职后不久就压在了衣橱里乃至将其乱扔。然，这些乱扔在衣橱里的正装对于那些面试时想获得好印象却没钱买正装的求职者是一个好的选择。"

我不用的东西说不定对别人来说有用，这小小的想法带来了重要的共有价值。开放式衣橱是将压在衣橱里的衣服进行再利用，把它们借给需要它们的人。更有意义的是在这里还汇集了人们许许多多的共同祝愿。

共有衣服 共享故事

"我们从捐赠者那里不仅收到衣服，还收到了捐赠寄语。每件衣服里都有这样的小纸条，写着这件衣服里包含的故事以及对即将借这套衣服的求职者的祝福。'这是我第一次面试穿的正装，希望能够给求职者带来好运气。作为新职员穿着这套衣服工作的时候有过很多幸福的事。'像这样的蕴含激励和支持的小纸条，会装在口袋里一起捐赠过来。他们这么做是想以衣服为媒介留下美好的祝愿，结交缘分，而不仅仅是捐赠衣服。"

作为社会中人，已经求职成功的捐赠者和正在进行求职准备的受赠者之间就这样通过一套衣服自然而然地结下了缘分。开放式衣橱创造了通过共享衣服进而共享话题的新型服务。不仅共有实物而且共享精神和经验，成为了拉动事业的缰绳。开放式衣橱创立仅仅一年多就有400多名求职者受益，来自个人和企业的捐赠源源不断。在重要的面试时刻穿着捐赠的衣服令求职者犯难，而求职者的面试形象导师消除了他们的担忧。

韩代表说自己以前也是求职者，所以能够充分理解来到这里的青年求

职者的心情。每次都拍着穿着正装的年轻人的肩膀说"你一定会成功"，原因就在于开放式衣橱的理念。正装每套2万元（约合人民币114元），T恤、领带、衬衣各5000元（约合人民币28.5元），皮鞋3000元（约合人民币17元）。虽然收取的钱不多，但是塞满衣橱的衣服所蕴含的价值无法计算。韩代表相信，这份无法估量的价值正是使社会变得更幸福的力量源泉。

"这份事业真的很有趣，创造了共有衣服和共享故事的新的社会价值。做创意性的工作简直太有趣了。我从来没想到过像我这样的一个平凡人也会特别地去做慈善，并且通过分享获得幸福。最近，每当从来借正装的求职者那里收到求职成功消息的时候，我就浑身充满力量。如果一直在公司工作的话，可能就不会感受到这样的幸福。现在我不仅拥有自己的幸福还拥有别人的幸福。因此我的幸福指数在上升，社会事业的力量不正是这个么！"

第二部分

MY JOB
我的事业

寻找"我的工作"的策略

在急剧变化的全球化就业市场中，怎样做才能够创造只属于自己的工作呢？具体来说，应该做怎样的准备呢？应该怎样做才能改变固有观念呢？比起任何时候，现在是应该考虑寻找到只属于自己的职业——"我的工作"的时候了。寻找只属于自己的职业的策略分为五部分，分别如下：

策略一：再见吧，不匹配 Mismatch, Good-bye!

策略二：建立你的品牌 Your Brand is Your Power.

策略三：持续学习，持续 Joy of Learning.

策略四：跨越国界的障碍 Over the Global Border.

策略五：为幸福而工作 Business for Happiness.

把这些英文关键词的首字母联系在一起，就组成了 MY JOB——我的工作。

↓策略一：再见吧，不匹配

M

Mismatch, Good-bye

　　每年一到了毕业求职季节，招聘人才的企业和找工作的求职者就聚集在一起，在全国的校园和展厅里举行大大小小的招聘会。虽然有很多企业和求职者都互相需要，但是找到真正合适的伙伴却并不容易。

　　据统计，80% 的日本企业，50% 以上的美国企业都招不到需要的人才。青年求职者都偏好大都市的公司和工资福利好的大企业。而占据就业市场很大比重的中小企业却鲜有垂青者。这就使得不匹配现象日益严重。据统计，由于不匹配现状而引发的失业人数达到了 40 万，占据失业者总数的一半，也就是说，如果消除不匹配，失业人数立马就减少一半。（2012 年经济开发研究院 研究资料）

↓ 企业和求职者的错误相遇

信号就是和美国经济学会的认证图章差不多，但是每人只有两次使用的机会。

——美国哈佛大学阿尔文·罗斯教授（诺贝尔经济学奖获得者）

据调查，大部分新入职的人士认为，对于现在的工作，自己已积累了过多经验，而这些经验又与工作不符。因此这些人最终会寻找其他工作，离职的概率提高。离职率增加的同时招聘费用也会增加，不匹配给企业带来了损失。这是因为如果再次填补企业必需的职位的话，企业需要经历一段这种职位的空白期。

美国哈佛大学的阿尔文·罗斯（Alvin E. Roth）[1]教授凭借关于市场不匹配的研究获得了2012年的诺贝尔经济学奖。他用自己的数学模型简单明快地说明了优秀的人才进不了大学，有能力的医生进不了美国主要医院的原因。

"我们的研究团队对于就业市场的互匹配的问题苦思良久。在一般的商品市场中价格起支配性作用。匹配市场与一般的商品市场不同。在价格合适的情况下，你就可以在商品市场中买到心仪的产品。但是在匹配市场中

---

❶ 1951年12月19日出生，1971年从哥伦比亚大学运筹学专业毕业。1998年赴哈佛大学任教至今，目前在哈佛商学院担任乔治·冈德经济与工商管理学教授。罗斯在博弈论、市场设计和实验经济学领域成就显著，主要著作有《谈判的博弈论模型》、《实验经济学：六个观点》、《实验经济学手册》、《鲍勃·威尔逊传统中的经济学》等。

却不一定。举例来说，大学入学就是匹配市场。不是说谁想上哈佛大学谁就能上，必须得有入学许可。劳动市场也如此。"

就业市场的本质是匹配市场

就业市场与传统的商品市场不同，就业市场的本质是匹配市场。传统的商品市场只要价格和商品合适，无论何时都能够买到产品。他们必须在相互认可的基础上才可能成功。为了减少这种在双方互相选择过程中产生的不匹配问题，应该了解匹配市场的运作原理，使情报的流通和双方的信号机制顺利地运作起来。实际上，美国的经济学会已经导入了新的信号机制，从而很大程度上缓和了匹配市场的这种不和谐。

"每年一月初，企业们开始为招聘会做准备，并且在有意向的大学中都开展现场招聘会，然后在秋后的校园招聘中，再对最终的选拔者进行正式面试。预定选拔大约20名申请者进入最终面试，但是这样就会使面试官们花费大量的时间和精力。从数百名的申请者中选出能够参加面试的20人，这活动本身就非常没有效率。原因之一，就是最近的求职申请太简单，拥有学士学位的每个人最多可以申请100个地方。结果就是每个职位都有数百名申请者。所以，美国经济学会制定了新的信号机制。"

这个新的信号机制可以改变就业市场以及以往大学录取的不匹配现象。新导入的信号机制规定求职者或申请者给自己迫切希望进入的企业或者大学发出有限的"特别信号"来解决不匹配的困境。

"信号就是和美国经济学会的认证图章差不多，但是每人只有两次使用的机会。大学如果在接收的申请中发现了申请人给他们发出了仅有两次使用机会的信号，就会认可学生们的真诚和热情，也会更快更容易地考虑面试他们。"

现在美国的公共机关和婚姻介绍所正在广泛地使用信号机制。为了达到最好的匹配结果，许多领域也正在进行一些新的尝试。如发出招聘启事一周之内就会收到足足超过7.5万份申请书的谷歌公司，为了最大限度地减少不匹配现象。谷歌正在使用自行开发研究的人才跟踪系统（Candidate Tracking Program）。它将因特网上庞大的人才信息进行系统分类，选出适合谷歌的人才。从而减少了因不匹配而带来的损失。虽然还不是特别完善，但是已经开辟了一条解决不匹配问题的新道路。

随着最近信息处理和移动通信技术的飞速发展，出现了很多解决求职市场不匹配问题的新系统。

↓ 英国临时工职业介绍所"碎片时间"

我希望我们社会能够更有生机，能够朝向更细致精微的面貌转变。那样小群体的工作人员也可以和大群体的工作人员一起竞争。

——"碎片时间"的负责人维姆

位于英国西部伦敦的一家信息通信公司正在建立职位匹配系统，并受到了广泛关注。这就是"碎片时间"。

"Sliver of time"的意思是碎片时间，正如名字暗含的意思，这里是为不能进行全职工作的求职者介绍临时工作的职业介绍所。这个地方介绍职业的过程有点特别。它的全部过程都是在网上开展。因为加入网站的所有会员每天都会利用移动网络导入自己的日程到"碎片时间"，即时共享自己能够工作的时间，以及求职者也会把自己擅长哪方面、不擅长哪方面的信息公布在网上，所以雇佣者们能够很快很容易地找到中意的求职者。这个地方的负责人维姆为了给被排挤在正规职场之外的人提供更安稳的职位而开设了这个网站。

他们更偏爱临时工的理由

"举个例子，你早上起来突然需要赚钱的工作，这时你就可以根据自己能够工作的时间找工作了。如果你今天能够工作4小时，但是明天不确定，只能工作两个小时，再或者你当天下午就想工作。在英国有很多因为时间分散而以这样的方式找工作的人。但是如果没有帮助这些人的职业介绍所，那么他们就只能被排挤在劳动市场之外了。""碎片时间"的负责人维姆说。

比起稳定的全职工作，这个地方的人们为什么会选择做临时工呢？

"碎片时间"的负责人维姆继续介绍道："不能够全职工作的人真的有很多。有的突然生病了，有的需要照顾家人，有的要抚养残疾孩子等等，不能够在普通职场中进行工作的情况有很多。但是又不能干脆不工作。在这样的状况下就需要我们给予他们帮助。"

对于那些每天没法在固定时间工作的人们来说，自由时间的工作岗位是他们赖以生活的基础。他们在大多数情况下连找工作的时间都没有，更不用说找到自己合适的工作了。Sliver of time 将这些求职者的零散时间数字化，向雇佣者公开，通过这种方式，解决临时工所面临的困难。

雇佣者可以查看在自己需要的时间内能够工作的求职者名单，查看他们过去的经历和需要支付的工资。雇佣者如果点击需要的人员，系统就会自动给求职者发送即时信息，求职者只要回答 Yes 或者 No 就行了。通过广泛运用移动通信网络来升级系统和提高网络上的及时性，大大减少了求职者和雇佣者之间的不匹配现象。

新型信息通信技术摘掉临时工的旧帽子

"碎片时间"的负责人维姆表示："我希望我们社会能够更有生机，

161

能够朝向更细致精微的面貌转变。那样小群体的工作人员也可以和大群体的工作人员一起竞争。"

　　现在平均每天这个地方的网络访问人数能够达到65000名。在伦敦，"碎片时间"作为临时工的职业介绍所正在活跃地发挥着它的作用。

　　临时工是被作为不稳定职位的代名词。"碎片时间"通过运用新型的信息通信技术共享日程，优先选拔能够工作的人。雇佣者在需要的领域中选拔了优秀的求职者之后，雇佣者和求职者就可以立马见面。一次性的招聘求职系统就此寻找到了新的平衡。这样不仅可以减少职位的不匹配，也可以将不稳定的职位引向持续稳定的方向。

↓SNS求职专家告诉我的秘密

去年末，公司想招聘两名职员，于是我像大多数人一样发布了自己的招聘信息，并利用自己的人脉进行招聘，但是几乎没有什么效果。

——SNS求职专家 约书亚

LinkedIN是全世界最有名的商务SNS（Social Networking Services，社交网络），自创建10年以来，SNS用户超过2.25亿名。

很多人通过SNS找到工作

与传统的就业网站发布招聘求职广告不同，LinkedIN的目标不在于招聘求职本身，而是让注册用户以自己的职业为基础积累相关职业的人脉，通过彼此的交流加深自己的专业经验，提高自己的专业能力。

因此在 LinkedIN上填写的个人资料就相当于求职简历，与其写一些琐碎的小事及兴趣爱好不如多写一些工作经历及学历方面的内容。 LinkedIN是通过与一些专业领域人士进行交流来积累自己的人脉，这些人可以来自自己学习的领域，也可以来自自己心目中的公司。

不局限于同学、同乡及亲戚，只要专业性相同就可以聚集在一起。LinkedIN不仅被个人所用，也被企业广泛应用。公司通过在LinkedIN发布地址、联系方式、职员人数、成立时间、企业类型等多种信息，吸引求职者，有效地展开招聘工作，大大提高招聘成功率。

很多企业通过SNS招聘员工

约书亚就是SNS求职专家。

他说："去年末，公司想招聘两名职员，于是我像大多数人一样发布了自己的招聘信息，并利用自己的人脉进行招聘，但是几乎没有什么效果。于是我登录了LinkedIN输入了我想要的关键词，接着出现了180多个简历。在浏览了一会后选出了三四份简历，并给他们发送了邮件，其中两名进行了回复。在两天之内我就招到了自己满意的员工，而且非常适合我们公司。"

在LinkedIN，求职者可以了解到公司的具体招聘信息，还可以与公司相关职业的人员直接接触。我们可以在入职前弄清楚自己是否真的适合这个岗位，这份工作是否真的是自己心目中的那份工作，这样就大大降低了不匹配现象带来的负面影响。

传统招聘求职方式的重要性在降低

约书亚表示："当然传统招聘求职方式肯定不会完全消失，但是它的重要性却在降低。假如平时我们直接与求职公司的员工聊天，分享专业信息，成为朋友，就会自然而然发出'我对你们公司很感兴趣，你能向人事部门推荐我一下吗'的请求。因为彼此非常了解，自己的简历及志愿书就会被放在第一位，从而更能引起人事部门的注意。"

有调查显示，经过介绍及推荐入职的员工，工作时间会更长，工作会更出色。这与通过SNS招聘的员工离职率更低是一样的道理。这并不是走后门，而是使公司及求职者都找到自己的真正所需。社交服务网络，使人们自发地成为人事部门和求职者之间的介绍人，很有可能成为一种更有效的招聘求职方式。

约书亚表示像 LinkedIN 这样的商务 SNS，终将会替代
传统的求职招聘方式。
当然提交简历及自我介绍的传统招聘求职方式肯定不
会完全消失，但是它的重要性却在降低。

↓ 靠创意取胜的网络就业竞技场

只是由于不是名牌大学毕业的学生，许多有能力的人连求职的机会都得不到。我们把这些人叫做被埋没的宝石。

——智力相扑创立者特伦特·哈地

每所大学都会举行就业双选会。不知道是不是经济越不景气，就业越困难，举行就业双选会的热情就越高涨。但就业双选会绝对不是一个公平的招聘方法。在美国，像脸谱网（facebook）这样的大企业去举行就业双选会的大学不到二十所。这意味着，除了名牌大学，其他大学的学生根本就没有机会和脸谱网的负责人面对面对话和提交自己的求职简历，甚至大部分的求职者连展示自己能力的机会都没有。

其实，企业也同样为这件事情发愁。因为企业知道高学历并不代表出色的业务能力，就像托业（TOEIC国际交流英语考试）成绩和商务英语能力不成正比一样。但是站在企业的立场上来说，企业不可能为所有的求职者都提供实习或面试的机会，所以只能根据学历、简历等间接的标准来招聘员工。正因为这样，大部分的学生为了顺利越过通往企业的第一道门槛，纷纷努力充实自己的简历。实际上求职者最重要的是入职后的工作能力，但它却没能成为企业评价求职者的标准。

现在，在美国已经有了新的尝试。企业招聘人员和求职者第一次见面不是看简历而是看求职者的创意和实际工作能力。这就是智力相扑（mindsumo，https://www.mindsumo.com/）。

用创意沟通，凭实力录用

智力相扑是怎样帮助求职的大学生联系上那些呢？

"智力相扑是一个企业推出挑战任务、学生提出解决方案的网站。企业可以通过自己推出的挑战任务寻找到好的创意和值得录用的人才。学生也可以通过自己提出的解决方案得到企业认可从而有机会进入自己理想的企业工作。"智力相扑创立者特伦特·哈地说。

智力相扑和在网络上经常看到的就业介绍网站不同。在这里比起藏在资料里的简历，企业更重视学生是否拥有实际工作能力。

智力相扑又被叫做个人挑战平台。学生们通过应对挑战向企业展示自己的能力而不是展示和业务毫不相干的简历。由于这个挑战是在网上进行的，所以每一个大学生都可以参加。

在韩国，以大学生为对象的征集活动很多。如果征集得奖的话还可以写在自己的简历上，所以参加的学生很多。但问题是，即使是获奖，大部分人也不过是在简历上多加了一项内容而已，很少有凭借征集获奖直接成功进入企业。而且评奖过程也不公开，参与者也不容易了解自己的创意有什么不足。它只是一个只有优胜者和失败者的区分、没有学习和收获的杀气腾腾的竞技场。

智力相扑有效避免了一般征集活动存在的问题，积极为大学生和企业提供直接见面的机会。在智力相扑，仅仅凭借自己的创意就能和企业直接接触。这里的创立人特伦特说，他们创业的目的是为企业提供一个更为有效的公开选拔人才的舞台。

特伦特说："如果把招聘人才比作企业经营过程中最重要的'人才购入'的话，那么智力相扑这种方式就像'买前试用'（try before you buy）。企业在录用学生、发放工资之前先检验一下学生的工作能力。而对学生来说很明显也有三点好处。第一点，学生们可以试探一下自己就业的可能性；第二点，胜出的话还可以获得奖金；第三点，自己的能力可以明明白白地得到大家的认可。"

在智力相扑网站上活动的过程对学生来说又是一份档案。约翰·伊朗的个人简介上记载着他最近获得了50美元奖项的情况。在这里点击他的个人简介就可以知道他最近完成了五个挑战任务。在完成的课题旁边，胜利勋章闪闪发光。

这样企业就可以根据学生完成的课题情况和学生的创意来决定录用合格的人才。其实，企业和学生之间的沟通方式也很直接。企业的人事负责人也会直接给学生发信息。例如："约翰，你的创意我们非常满意，我们想给你提供实习岗位，想跟你谈谈相关的事情。"这样的信息也会发给学生。一般学生会感觉和企业有距离感，智力相扑通过让学生和企业直接沟通，大大减少了学生们对企业的距离感和不适应。

帮被埋没的人才打开录用大门

通过和智力相扑类似的系统，企业不只看学生的名牌大学毕业证、学分等展现在简历上的东西。即使不是名牌大学出身，如果有解决问题的能力的话，企业也会信任他并录用他。智力相扑的创立者特伦特这样说："由于自己不是名牌大学毕业的学生，许多有能力的人连求职的机会都得不到，我们把这些人叫做被埋没的宝石。例如，虽然很多学生出身于阿拉斯加这样的地方大学，但他们中也有很多人在特定领域有出色的才能。遗憾的是，这样的人才通常不容易被企业发掘到。我们想在发掘被埋没的人才方面给予企业帮助。"

现在，在智力相扑上进行得最火热的挑战任务是脸谱网（facebook）推出的任务。因为脸谱网是大家很想去就业的一个企业，所以参与者的热情相当高。这次脸谱网公开推出的挑战任务是"在智能手机、平板电脑等移动通信领域如何提高广告收入的创意征集"。脸谱网正在讨论参与者的创意，未来将会采用什么创意还不知道。不知道学生的创意会不会改变脸谱网的盈利模式，如果可能的话，那将是划时代的。如果这样的话，那个学生即使不是名牌大学毕业的，即使学分很低，即使没有人脉，也可以堂堂正正地进入所有人都向往的脸谱网工作。

↓策略二：建立你的品牌

Your Brand is Your Power

　　韩国到底有多少种职业呢？　不久前以学生为对象做了一个简单的问卷调查，主要是对青少年所了解的职业到底有多少进行摸底。问卷结果让我很吃惊，大部分学生所了解的职业只有100种左右，能写出200种的学生几乎没有。而真实的情况是，在韩国一共有2万多种职业。显而易见，学生们所了解的职业占不到总职业量的1%。在发达的信息化社会里，我们对职业信息的掌握情况却如此匮乏。

　　所有人都向往那1%的职业，你争我夺，竞争激烈，与大家都竞相买一个牌子的衣服是一个道理。不是选择符合自己心意的衣服而是如何迎合别人的眼光。所以说有时候对于穿名牌衣服的学生们来说，牌子只不过是一个炫耀的手段而已。真正的时尚不是盲目跟从潮流而是引领潮流，工作也同理。比起一味地追随"相同"，寻求"与众不同"反而会带来更多的价值。

　　世界上独一无二的品牌没有陈列在橱窗里边，而是驻扎在我们的心里，成为创造世界独一无二品牌的人难能可贵。

↓越南专卖店范味11

我从小去过很多地方，接触过很多人，对新生事物毫不恐惧。

——范味11创立人范

一到周六，英国伦敦的百老汇就变得熙熙攘攘，这里是跳蚤市场的聚集地。到处都是刚刚摘下的新鲜水果、蔬菜、各种二手衣服、小玩意儿、自行车等生活用品以及各式各样的小吃。就像在乡下集市有许多偏爱米酒的常客一样，伦敦的市场也是如此。从一大清早人们就聚集在路边遮阳伞下尽情地喝着啤酒，这很符合集市风景的特色。这里正是挑逗伦敦人味蕾——售卖伦敦"最火"三明治的地方。

牛津大学毕业的她为什么创立范味

范味11餐厅的位置位于百老汇，越南三明治"范味"是这里人气最旺的食物。店铺规模不大，大部分客人都打包带走。从早上开始顾客就络绎不绝地来到这里，店里仅有的四名员工忙得不可开交。附近环境与食物不错的餐厅有很多，为什么伦敦人偏爱这家小餐厅的三明治呢？这家店的老板兼主厨是一名越南女子范。她今年28岁，毕业于牛津大学经济学专业，在金融公司工作过两年。

"范味11"的创始人范说："我是牛津大学毕业生，那时真的有许多不错的公司为我提供职位。但是我的目标不是选择一份条件待遇不错的工

172

作，像说明书一样按部就班地度过我的一生。我想做自己喜欢并可以实现自己人生价值的事。"

之后，她开始思索自己最喜欢做的事情是什么。从小在越南长大的她很不适应西方料理，自然而然地就形成了自己做料理的习惯，并想把自己做的既健康又美味的料理推荐给更多的人。她认为人们之所以生病就是因为吃到的美味食物不健康。

范说："如果走进伦敦超市的话，你会发现几乎到处都是冷冻食品，买回家后在烤炉里稍微热一下，再放点调料就可以吃。自己认真做饭的人并不是很多，因此最终我选择了家庭料理——越南三明治，这也是我最拿手的厨艺，它现在是范味餐厅的招牌。"

范的预想是正确的。范味的家庭三明治由于更健康而受到了伦敦人的青睐。现在她成了把越南美食三明治范味引进英国的第一人。

饱含她成长经历的自我品牌

"4年前我第一次在伦敦卖范味的时候，没有人买这样的三明治。当人们听到范味这样的说法时，第一反应就是那是什么。但是现在超市里到处都在卖范味。以前大家在购买的时候是说'请给我越南三明治'，现在直接用范味代替了。范味不是我发明的，它是越南的传统食物，我只是把我喜欢的越南食物引进英国。因此在我看来，不一定非要开发新的产品才能成功。"

范味在越南大街小巷都可以轻易买到，而且价格低廉。但在异国他乡生活的她却很难吃到家乡的这一美味。因此每到周末，她就在自己家做。

对于她来说，范味不仅仅是一个越南的传统美食，更是饱含自己成长经历的"属于自己的一个品牌"。而且将那个普通商标引进伦敦的她本身也成为了这个地方的新品牌。她给习惯于快餐的人们带来了不添加任何防腐剂的真正食物，并寄予了她的真心，成为了她人生的真正品牌。

　　"纯真的性情有时会帮助我们，只有自己亲身经历过才有发言权。我所做的事情不一定适合其他人。我从小去过很多地方，接触过很多人，对新生事物毫不畏惧感。事实上我也不确定以后范味的人气会不会一直这么高，人们的口味会不会变化，但是现在我还是会尽全力做好。"

　　可能很多人会做越南三明治范味，但是毕业于牛津大学在金融公司工作过的越南女孩，做出的蕴含丰富回忆及乡愁的范味却只有一个，范味里蕴含了她的过去经历及未来的希望。因为有她的存在，许多伦敦人才能得以享受到一顿新鲜健康的美食，她也因范味而实现了自己的人生价值。

　　范味11将要开另一个分店，她的品牌从伦敦开始将会走多远呢？

可能很多人会做越南三明治范味，但是毕业于牛津大学在金融公司工作过的越南女孩，做出的蕴含丰富回忆及乡愁的范味却只有一个，范味里蕴含了她的过去经历及未来的希望。

↓英国皇家艺术学院：
人本身才是真正的品牌

重要的是培养学生们的领先意识。

我们希望从这里出去的学生不仅仅是从属于设计领域的一个劳动者，更应是设计产业的领头羊。

——英国皇家艺术学院院长海路德

这是一个创意能改变世界的时代，创意的价值越来越高。而创意来自人，人就是最好的品牌，现在世界各国为了培养引领世界的设计人才，不惜花费巨大的投资。其中英国最特别，现在几乎没有由英国制造输出的汽车，许多英国的汽车公司已经被收购，因为英国出口的是设计。事实上全世界大部分名车都是由英国设计师设计的，在英国每一位设计师就是一个品牌，而给予他们设计灵感的地方就是英国皇家艺术学院 ①。

实现设计梦想最好的地方

位于伦敦的英国皇家艺术学院是全世界汽车设计最知名的学校。设计

---

❶ 英国皇家艺术学院成立于1837年，是世界上最著名的艺术设计学院之一，也是世界上唯一在校生全部为研究生的艺术设计学院。学院坐落于伦敦，课程讲授者均为国际知名艺术家、从业者和理论家。英国皇家艺术学院拥有国家最先进的设施和优秀的研究资源，并且有促进优秀创意和智慧的环境。

捷豹和福特的世界三大设计师之一伊恩·卡勒姆，设计折叠式电动车的设计师马克·桑德斯都毕业于这所学校。学校总共有学生920名，他们来自世界55个国家，每个人心中都怀揣着一个梦想，那就是在世界舞台上创造属于自己的品牌。这些人果真在这里接受教育之后，就能实现自己的这个梦想吗？海路德院长表示英国皇家艺术学院是实现他们梦想最合适不过的地方。

"在教授基本的汽车设计技术的同时，更重要的是培养学生把控未来的能力，可以预测自己毕业后20～30年的样子。再重要的一点是培养学生们的领先意识，我们希望从这里出去的学生不仅仅是从属于设计领域的一个劳动者，更应是设计产业的领头羊。"

海路德院长表示所谓设计师就是能创造出具有不同商业价值产品的人。在公司，设计师的工作是具有创意性和无人能替代的工作。

在别处学不到的东西

来自比利时的贝尔塔之前运营着一家工作室，为了进一步增强自己的竞争力来到这里深造。他说来到这里后才知道，展现自己的个性对于一个设计师来说是多么的重要。原本以为作为一名设计师只要喜欢自己的工作就可以了，但通过在这里学习，他发现了设计师新的价值。

"对于我来说设计是门语言，是通过外形及色彩来交流的，设计还是人们表现自己的手段，还可以对人们的生活方式产生巨大影响。在充分了解到设计的价值后，对自己价值的定位也变得不同。"

毕业于韩国一所大学的志英，为了进一步培养自己设计方面的才能而来到这里求学。

"我想学习领导力及设计哲学的精髓，所以来到了这个地方。汽车设计界大部分知名的设计师都是这里毕业的，我很好奇他们在这里到底接受了什么教育。这里让我懂得，设计师不仅仅是设计简单的造型，而是要能改变文化，创造新的品牌，领导世界的潮流。我最近一直在思考一个问题，如何让自己成为具有自我特色的设计师，如何改变未来。"

英国皇家艺术学院的魅力就在于可以培养出一批批饱含创造激情的学生，他们不仅仅是追随潮流品牌，而且能创造出属于自己的品牌。

访皇家艺术学院的优秀毕业生彼得·希瑞尔

彼得·希瑞尔[1]从最开始的盐罐和胡椒罐的平凡设计师过渡到世界汽车设计界的领头羊。他曾经在奥迪公司工作，事业正蒸蒸日上，但依然来到皇家艺术学校深造，学成之后又重新回到奥迪公司，充分地展现了自己的实力。他设计的"奥迪TT斜背式尾门"是奥迪公司的标志，然而他的创造激情没有就此停止。2006年他来到了汽车设计行业刚刚起步的韩国，并担任现代汽车的最高设计师。7年来，他给韩国汽车设计领域带来了巨大变化，也是第一位担任现代汽车集团社长职位的外国人。

穿着一身黑色便装的彼得·希瑞尔平时就很喜欢穿黑色衣服，从这个小小的习惯中可以看出他的人生哲学及处世态度。

---

[1] 彼得·希瑞尔，全球三大设计师之一，来自德国，我们熟悉的大众甲壳虫、奥迪A6等车型，均出自他的设计。

彼得·希瑞尔从最开始的盐罐和胡椒罐的平凡设计师
过渡到世界汽车设计界的领头羊。对于他来说，所谓
设计就是一个不断创造新生事物的过程，是个永无止
境的挑战。

"从事美术和建筑工作的人大部分都喜欢黑色，只是想让自己成为作品的陪衬，不想比自己的作品更显眼。对他们来说作品才是自己的标志。"

　　"拥有属于自己的设计哲学，将国内的设计水平拉上了一个台阶，永远站在设计领域的前沿。"这是人们对他的评价。

　　"时间过得真快啊，来到这里都已经7年了。初来KIA（韩国起亚汽车品牌）的理由是KIA还没有属于自己的品牌，我想在这创造出属于KIA独有的品牌，让它闻名世界。在德国工作的时候就曾多次梦想过，自己将来一定要成为韩国汽车行业设计的中心支柱。选择韩国企业可能在其他人看来是个冒险的尝试，但对于我来说既是挑战也是机遇，我很享受这个过程。"

　　对于他来说，所谓设计就是一个不断创造新生事物的过程，是个永无止境的挑战。

　　"我认为拥有属于企业特有的设计风格是非常重要的，要让自己的设计反映企业的特色。刚开始听到KIA这个名字时有一种清凉之感，像纯净的水滴，晶莹剔透的雪花，此外还感觉具有一定的逻辑及规则性。我的设计就是要体现出属于公司特有的风格，体现出各自的与众不同。"

　　可能由于他的设计理念，自彼得·希瑞尔来到KIA以来，公司业绩直线上升，2008年9月国内市场占有率超过30%。他设计的K系列汽车，现在已是KIA的标志品牌。现在他是韩国汽车领头企业——现代KIA的核心人物，正在为打造引领世界的品牌而努力。他把自己所有的经历都看成是一种冒险，这种精神也正是他工作的不懈动力。

　　"运气貌似也很重要，但是天道酬勤，人通常是越努力越幸运，因此人应该大胆地尝试。不要只想着自己能赚多少钱，能充满激情地工作并感觉到幸福，这本身就是一种成功。如果自己不喜欢，只是单纯地为了赚钱或为了面子，这样的工作不会给我们带来任何幸福的感觉，而且通常当自己感觉不到幸福了也就没心情赚钱了。"

↓法国新自由职业者
全盛时代的主人公

专业自由职业者作为一个自由职业从事者，并不是用便宜的佣金就可以随随便便雇到他们。

他们是在一些特定领域自由地从事有一项专业性职业的从业者。

——法国资深自由职业者斯蒂芬·拉佩里

随着无线网络及智能机器的发展，职业环境越来越自由化，这加速了自由职业时代的到来。21世纪自由职业者们以这种技术及趋势的变化为契机，使自由职业从不稳定职业的代名词转变为知识社会里的新兴职业。现在的自由职业者并不是以前的普通自由职业从事者，这些职业者不仅可以获得高收入，而且他们拥有不可替代的专业技术。这已是一种新的专业自由职业。专业性是他们的标签，发展前景无限。

创意+职业=专业自由职业

到现在为止大部分自由职业者还没有职业归属感和社会保障，但是如今新的自由职业者们将是未来职场的主力军，其中表现最活跃的地方是欧洲。过去十年，虽然欧洲的工作录用率几乎没有上升，但自由职业者人数却足足增加了800万。法国一位从事多年自由职业并对其进行专项研究的经济顾问拉佩里博士表示，最近新登场的自由职业者与之前的自由职业者有所不同，一般将其称为"专业自由职业者"。

"专业自由职业者作为一个自由职业从事者，并不是用便宜的佣金就可以随随便便雇佣到他们。他们是在一些特定的领域自由地从事具有一定专业性职业的从业者，典型的专业自由职业主要是咨询顾问等。当然这些从事专业自由职业的人当中有的是要持有相关许可证的，例如律师、医疗保健师等。"

因此专业自由职业者是指自由职业中拥有专业知识及高收入的人。具有尖端IT行业专业知识的电子自由职业者就属于此类职业。现在专业自由职业者的活动领域越来越广，在社会中的地位也越来越高，人们对他们的看法也在发生改变，自由职业地球村的发展就是最好的证明。

随着自由职业者地位的提高，雇佣方式也发生了变化。例如英国自由职业者就业中介网站"自由职业外包市场"（Freelancer.com）及"社交网络服务网"（Social Network Service）的开放及发展，拉近了自由职业者与企业间的距离。站在企业的立场上来看的话，专业自由职业者是在激烈的竞争下带来无限创意的人，是给企业带来希望的人。因此在欧洲不仅仅是单纯地雇佣自由职业者，还对他们进行投资。拥有创意及职业意识的专业自由职业者们，可以创造不亚于企业的品牌价值，他们是自由职业市场的新生主力军。

引领知识社会的新品牌

自由职业者的增加是21世纪知识社会的必然现象，随着公司业务越来越智能化，雇佣的方式也在发生着变化。

"在企业需要一些领域的专业人才时，可以随时从公司外部引进并支付其一定薪酬，例如律师和顾问。在需要解决某些技术问题及相关方面的专业咨询时，专业自由职业者可以在规定的期限内按时按量提供相关服务，顺利解决公司的问题。但是如果突然向公司全职人员提出两天内必须解决什么事情的要求，那是不可能实现的。因为一方面他们专业水平不够，另一方面他们有固定的工作时间。"

拉佩里博士预言，将来的专业自由职业者的数量还会增加。因为比起所谓的归属感和义务，人们越来越重视个人的独立及自由，人们心目中对好职业的定义在不断发生着变化。

与靠长期积累经验的传统技术人才不同，专业自由职业者的专业性体现在知识及思想上。因此企业在雇佣自由职业者时存在一定的风险，又没有明确的人才测评系统。为了解决这类问题，拉佩里博士提议，迫切需要一种对自由职业者专业能力的测评系统。

"有的人主张，为了降低自由职业者的入职门槛，可以直接取消繁琐的入职许可制度，我认为这种做法是极其危险的。为了专业自由职业有个更好的发展，反而需要相对比较严格的资格审查。举个例子来说，如果向一个没有任何相关知识的人咨询理财问题，很有可能会赔得倾家荡产。"

专业自由职业者要想在社会上树立一个长久的好形象，就需要基本的资格限制。如果有相关比较完善的测评系统，自由职业者的社会地位将会更坚固和更长久。

↓策略三：持续学习，持续

J

Joy of Learning

"您最大的财富是您的职业啊，不要把钱投在买房子上，投资于自己的职业教育吧！"

最近《时代》杂志上进行了一项关于职业教育的颇有趣味的调查。美国人在2007年经济危机之后开始考虑拿自己的收入如何去做投资才能获得最大收益。他们发现，比起房地产和股市，投资职业教育可以获得相当大的回报。成功获得连任的美国总统奥巴马在新年第一次国会演讲中也强调了职业教育的必要性。

在青年失业率高达17%的美国，通过缩小校园和职业间的距离来解决就业问题已经成为全民共识。

↓ 美国斯坦福大学校园内的就业训练

在韩国时，职业选择的标准就是金钱、地位、名声之类的东西，而我现在的职业选择标准是兴趣、乐趣、幸福感……

——斯坦福大学留学生金尹浩

　　斯坦福大学学生的创业热情很高，但作为刚踏入社会的大学毕业生，他们更愿意选择就业。即使是世界名校，斯坦福的学生们对于如何才能找到好工作也非常担忧。特别是最近，"追求更好"的概念正在美国流行。无论是学生还是家长，都有这样的紧迫感：为教育投资这么多，必须得找一个高附加值的工作才行。

　　随着这种紧迫感的不断增强，"我的工作"在这个时代已经超越了国界成为全世界年轻人最难做的作业。世界名校斯坦福是怎样帮助学生就业的呢？斯坦福大学职业发展中心就是一个负责为大学生提供阅历拓展和就业帮助的机构。

　　职业发展中心常常被学生们挤得水泄不通。这里的负责人向我们这样介绍："我们中心的就业顾问和学生们一起讨论他们各种各样的问题，在学生们做就业决定时给予帮助。"

　　找工作的过程和学习过程一模一样，都是探索发现的过程。为了能够给学生提供比较实质的帮助，该中心一直在不断努力。

"对面临毕业的学生们来说，寻找适合自己的公司是最重要的。然而意外的是，太多的学生并不确定自己将来要干什么。所以阅历拓展过程对学生们来说就是一个探索发现的过程。通过诸如实习这样的过程，学生们能够对自己想从事的工作或不想从事的工作有一个认识。虽然我们不能断定'适合你的工作就是这个'，但我们可以为学生们提供多样的机会。"

给学生以自己选择职业的勇气

在斯坦福大学职业发展中心的三楼，可供HR和学生进行一对一面试的房间足足有四十多个。展示牌上清楚地写着当天的面试计划。在休息室里，坐着来自各个国家的准备面试的学生，其中有个韩国留学生引起了我的注意。他叫金尹浩，两年前来到斯坦福大学学习，目前主攻新能源政策。

他在斯坦福大学重新思考了大学的意义。学校不应该只是一个给学生颁发毕业证书的地方，而应该是一个为学生提供机会，让他们发现自己想做的事情是什么的地方。培养学生们在各种各样的观点中寻找自己喜欢的职业是大学的真正意义所在。

"在韩国，人们都不想去中小企业工作。而在这，学生们比起企业的品牌和规模更看重企业是否符合自己的特质，所以去中小企业就职的学生有很多。

"在韩国，在中小企业工作往往得不到人们的认可。而在美国特别是在硅谷，学生们因为更看重成果本身，所以比起在大企业的工作经历，在中小企业的工作经历会得到人们更高的评价。即使在小企业工作也可以得到充分的认可，所以择业的压力一下子减少了很多。"

所谓的大学教育，不是"把学生输送给好的企业"，而是"告诉学生好的企业有很多"，教导他们在一生中可以换好多次职业。其实那些认为只要一旦抓住了一个适合自己的职业就可以一辈子无忧的想法更容易令人不安。斯坦福的职业教育告诉我们：即使只有一个目的地，也有很多条通往目的地的道路。而且在人生过程中，那个目的地将会发生很大的改变。斯坦福大学的职业教育哲学就是：帮助学生们树立多样化的职业观。

"在斯坦福的六年，我真的改变了很多。在韩国时，职业选择的标准就是金钱、地位、名声之类的东西，而我现在的职业选择标准是兴趣、乐趣、幸福感。幸福被放在了职业选择的首要地位。不再需要看别人的眼色，即使是非正式职工也可以。"

在韩国，因为准备就业需要时间，所以大学四年后毕业的学生的比例只有30%。然而，有75.4%的大学毕业生在毕业两年内选择了辞职(2010年劳动研究院调查资料)。辞职理由最多的是"公司或职务适应失败"（韩国企业家协会2012年新老职员录用失败特征调查资料）。这个极具讽刺意味的统计暗含的意思非常明显，大学应该先教给人们选择职业的眼光。使斯坦福大学的学生出众的东西不是用眼睛可以看得到的毕业证书，而是他们可以选择自己职业的勇气。我们应该学习的东西也正是这种勇气。思维开阔，学习深入，前进的道路很宽广！

选择职业的脚步永不停歇

大大小小的就业展示会在斯坦福大学的校园里不断举行着。其中招聘预备会是位于硅谷的大中小企业展示自己的招聘岗位并招聘人才的展示会。斯坦福大学职业发展中心主办的这个招聘会虽然一年中举办十五次，但每次参会的企业竞争都很激烈。这次展示会上共有九十多个企业参加，学生们只要围绕展示会会场转一圈，就可以获得自己以前不知道的对于优秀职业的体验。

在斯坦福大学学习的研二学生利萨来到了这里。

"实际上我不是为了找工作而来的。众所周知，硅谷是世界革新、创意、创业的基地，这里的每个公司都在探索尝试各种各样的创新。我是想了解这种创新才来的。通过改革来改变世界方向的企业都聚集在这里。我想，也正是因为这个理由他们才来这里招聘斯坦福大学的学生。通过这样的形式，不仅可以就业，还可以建立各种各样的人脉，所以这里是了解企业及其相关产业的最好的地方。"

而参加展示会的企业人事主管的理由也一模一样。

"在普通入职考试或面试时，无论是负责招聘的人还是应聘的学生都很紧张，互相评价的时候经常考虑很多。但是招聘预备会不是这样。我不是带着强烈的一定要选拔一个职员的意愿来的。如果能遇到一个年轻的可作为后备工程师的新人的话，我会由衷地感到高兴。"

知己知彼，百战不殆。这句话也是对"我可以找到属于我自己的工作吗"的有力回答。正确地认识自己的情况，积极地搜集想应聘企业的信息从而缩短彼此之间的距离，这样找工作的话才能减少失误。求职者应该积极地把自己推销出去。当不知道自己到底能干什么而感到迷茫时，不如拿出其中10%的时间和精力用在择业上。去敲开就业之门前，不管是多大规模的招聘会都去参加一下，选择职业的脚步永不停歇，才能找到真正属于自己的好职业。

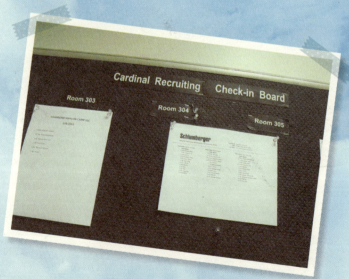

在斯坦福大学职业发展中心的三楼，可供 HR 和学生进行一对一面试的房间足足有四十多个。展示牌上清楚地写着当天的面试计划。

↓ 德国青年和企业一起成长

> 我认为向青年提供多样的就业信息是非常重要的，因为大部分的青年并不知道他们未来可以选择的职业范围有多广。
>
> ——安德烈

世界上职业教育最成功的国家之一是德国。德国那么多的产业冠军出现的秘诀也可以说是因为职业教育。"抛开职业教育，德国的发展就无从谈起"这句话在世界范围内广为流传。

在德国企业，尽职尽责工作的人才很丰富。在德国，很多情况下高中毕业的技工比大学毕业生的待遇还要高。德国把职业教育定为义务教育，全体国民必须接受。通过这种制度，培养高级技术人员的社会教育基础十分牢固。因此，德国的整体失业率是5.5%，青年的失业率也不到7.7%。这与欧元区整体失业率12%、青年失业率20%相比，是相当低了（2013年欧洲统计厅发表的资料）。在德国，有相当多的高中毕业生不上大学而选择职业教育。

在德国，公司不只是工作的地方，还是可以学习的地方。德国与众不同的实习制度打破了学校和企业的界限，转变了年轻人对职业教育的偏见。

不参加高考而找工作的十几岁的青年们

在德国法兰克福博览会会场宽阔的空地上，挤满了吵吵闹闹的十几岁

的年轻人。这个活动就是每月在德国各地举行的Azubi，即以年轻人为对象的实习录用博览会中的一种。因规模最大，在德国名气很大。通过这样的博览会，企业得以有机会向大家介绍自己的产业和培训过程。年轻人也可以得到关于企业未来、教育机会、工作环境等方面的信息。

参加这个博览会的学生年龄小的有十岁，大的有十八岁。缺乏工作经验和社会生活经验的年轻人大多是和父母或职业学校的老师一起来参加博览会。对这些年轻人来说，就业不是学习的结束。在职场体制中抓住了终生学习的要领的话，想学多少就能学多少。

安德烈在职业学校当老师，他有一个上高中的女儿。为了向女儿展示职业选择的更多可能性，他带着女儿来到了博览会。

"我认为向青年提供多样的就业信息是非常重要的。因为大部分的青年并不知道他们未来可以选择的职业的范围有多广。"

跟着爸爸出来的十七岁的夏德莱说通过这次活动，她对未来的道路有了新的想法。

"以前的想法是上大学。在实习博览会详细地了解了企业内部的职业培训后，现在正在考虑放弃上大学而接受职业培训，当然也可以一边接受职业培训一边上大学。"

以对未来工作计划明确而著称的德国人，如此积极地接受职业教育的秘诀是什么？实习制度，这在德国是青年人职业教育的代名词。

青年和企业一起成长的跳板：实习制度

凯驰集团是德国"产业冠军"中的吸尘器生产商。在世界市场上因产品质量好而赢得了信任，正在创造着不错的销售纪录。凯驰集团从1997年开始实行产学研相结合的教育，从20世纪60年代开始实行大学教育和实习并行的二元教育体系。在这里工作了35年的萨尔万正是这种教育体系的受益者。

"在我们公司，有很多从10岁开始接受职业训练并一直在这里工作了30~40年的老员工。工匠、组长、工程师等所有岗位都一样。像我这样的老员工也负责对新来的实习生进行培训。"

一般情况下职业培训需要花费很多时间和费用，取得成果也需要很长时间的等待。而且这样大规模的持续的职业培训在任何企业都不算是一件小事。反而外包这种办法可以在短时间内减少费用并有效解决人力供需问题。凯驰集团不考虑外包战略而坚持公司内部职业培训的理由是什么呢？该公司的专业工程师菲克斯这样坚决地回答我们：

"实行外包的话不知道要节约多少费用，但年轻人在这里接受充分的职业培训并日后一直在这里工作的话，就一定可以收回培训费用。"

也就是说，即使从费用这方面来说，外包也不是最有效的方法。如果从人才质量这方面来说，外包也不能保证能取得职业培训那样显著的效果。这里的管理者对实习制度如此自信是因为经过长期实行职业培训之后取得的效果十分显著。

凯驰集团的代表人穆特耶尔强调说，最重要的是带着长期的战略眼光

持续地完成规划。他说职业培训培养出了有能力的人才，我们对员工的才能充满信心，这样就形成了良性循环。对员工来说找到了可以长期工作的岗位，对企业来说保障了高质量的劳动力。比起年轻人在外面学习技术之后来公司就职，像这样在公司接受职业培训就地工作的方式是保障劳动者质量的最有效的方法。

以职业训练为基础的实习制度消除了雇佣者和被雇佣者之间的不透明。大学教育不能保证的实实在在的工作岗位和有切实保障的工作待遇，这一点对年轻人来说正是职业教育真正的魅力所在。在这里工作了一年多的青年马里奥·保罗关于职业教育这样说：

"我只在这里接受了六个月的职业培训，也有人接受了更长时间的培训。根据我的经验，好像学习时间越长的人适应变化的能力就越强。他们在所有的岗位上工作，对公司有着非常深入和广泛的了解，即使是性质不同的工作也能干得很好。这是因为公司的培训项目十分多样。通过职场生活我获得了生活上的稳定和金钱上的自由，更重要的是还可以一边工作一边学习。"

和高薪、稳定的工作环境一样重要的是个人长期职业发展的可能性。凯驰集团的年轻人虽然不能体会到大学校园的浪漫，但也可以在工作现场更早更快地获得自身的发展。而且在这个过程中年轻人和企业一起获得了令人瞩目的成长。

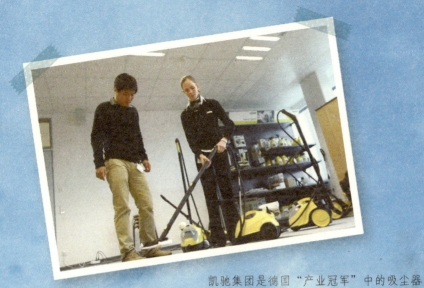

凯驰集团是德国"产业冠军"中的吸尘器
生产商。它以蒸汽清扫美国拉什莫尔的巨
石雕像和韩国的首尔塔而闻名。

凯驰集团从 1997 年开始实行产学研相结合的
教育，从 20 世纪 60 年代开始实行大学教育
和实习并行的二元教育体系。

↓荷兰帮助青年人
进行职业培训的社会公共机关

韩国的学生一天把15个小时花在学校和课外辅导班上，为了未来根本不需要的知识和未来根本不存在的职业浪费着时间。

——未来学家阿尔夫·托尔泰

荷兰开始实行职业教育源于一段痛苦的经历。荷兰在20世纪80年代初遭遇了一场被称作"荷兰病"的经济衰退，失业率急剧上升。当时这里的企业由于掌握技术的劳动力严重不足而经营困难。荷兰大力实行职业教育和培训就是从这个时候开始的。

在荷兰，即使是失业者也不是毫无能力的劳动者，因为只有接受职业培训才能获得政府的生活补助。"人人都有工作的义务，不能不工作，不工作就得不到社会福利。"以此为标语把雇佣和福利联系起来的方式叫作workfare，它是荷兰职业教育政策的核心。在荷兰，带领并帮助年轻人进行职业培训是社会公共机关。

职业也需要开发

荷兰的职业教育能够和现实紧紧连在一起的理由之一就是洛阿尔（AEQUOR）职业技术教育开发中心。顾名思义，这里是开发职业技术

教育项目的地方。就是在劳动市场上调查了企业所需要的技术水平和劳动力规模后，以此为基础形成贴近现实的教育项目并提供给学校。在这里实行技术教育的核心是帮助学生们找到适合自己特质的职业。由于这里不是像一般大学那样的高等教育机构，所以很多高中毕业生、大学毕业生中从事体力劳动的蓝领劳动者也在这里学习技术，分享收获。

最近，像家畜管理、温室大棚、农家乐等绿色产业和农业管理技术教育正在成为主流。通过洛阿尔这样的技术教育的开发，最终可以帮助学生们到需要相关技术的企业里寻找适合自己的工作岗位。

未来学家阿尔夫·托尔泰说："实际上，学生们并不知道农业领域也很需要IT和自动化技术。在生产西红柿和辣椒的温室里，自动化系统正在被广泛地使用。很多人以为温室里的工作就是和土壤打交道，但其实在温室里和土壤直接打交道的工作基本上没有。因为所有的工作都被大规模的自动化技术所实现。所以我们应该投入更多的精力去开发新的生产方式。我们应该告诉学生这一点。"

为了让大家知道，繁重体力代名词的农业生产也可以变成具有魅力的职业，洛阿尔正在抓紧开发农业相关的职业教育项目。根据调查，荷兰人中有50万人说他们想做这样的与绿色产业相关的中级技工。

企业的眼光和学生的眼光往往很不相同。所以为了让两方的需求都得到满足，洛阿尔既开发职业又开发技术，并以此来促进职业教育的发展。荷兰的企业和工会都不断给予洛阿尔全力支持的原因正在于此。但是对年轻人来说，仅仅依靠培训和教育让他们来理解职业技术非常困难。因为随着时代的变化，年轻人对"我的工作"的价值观也在发生着变化。

　　"过去的年轻人为了国家经济重建而努力工作着。但是现在国家的基本经济基础都已经很坚固了，人们的基本生活也相当充裕了。那么年轻的一代想要什么东西呢？他们希望可以多多休息、自由旅行。这一部分正是我们需要解决的课题。所以从长远的角度来看，应该给予年轻人新的工作动力。"

↓策略四：跨越国界的障碍

Over the Global Border

　　跨越国界的人才大迁移开始了。随着海外就业门槛的降低，将目光转向海外就业市场的年轻人在不断增加。

　　仅仅局限在日本等先进国家的国际化人才资源正在向新兴的经济强国扩散。仅仅通过韩国产业人力工业园去海外就业的韩国人数就由 2009 年的 1517 名增加到了 2012 年的 4007 名，同时想摆脱国内市场就业面狭窄的人口范围也在扩大。

　　在这样的人才迁移中，主要是拥有 IT 技术的游牧工作者和熟悉多元文化的新生代。如果是自己满意的职位，他们可以不受国籍和职位边界的阻碍，自由地越过国界。

↓日本东京的优衣库

我把社会整体看成是一个公司组织。

越想发展成为大公司，就越应该在风险最大的部门配备最优秀的人才。

如果人才惧怕危险，仅仅停留在国内，不走出国门，那社会就不会有发展。

——招聘顾问敏夫一郎

当下在世界各地开设分公司的国际企业为了抓住有能力的人才，正在不限国籍，降低门槛。2008年以后，在经济极不景气的境况下，优衣库在世界的舞台上向世人展示了飞速的成长过程，它是积极挖掘国际人才资源的企业之一。比起国内市场，优衣库更注重海外市场并积极地向国际人才发出诚挚的邀请。

不久前，优衣库宣布了"全球统一薪资制度"的方针，这不是简单地面向国际化流动人才的策略，而是宣告要培养成为企业精英的国际化人才。"全球统一薪资制度"方针的核心是实施使全世界优衣库员工工资统一的战略。在相较于日本，工资水平低、经济落后的国家中，按照日本人的工资水平给职工按业绩支付工资。将新店的90%开在海外，打造国外人才占新职员人数50%的国际化企业。通过高报酬招揽世界各地的人才，这便是优衣库的目标。考虑到比日本工资水平高的国家数量有限，这是可以称之为"革新薪酬"的创造性提案。

优衣库的会长柳井正平时非常重视职员们的国际感受，为了职员们的国际化总是冲在最前面。对于没有边界的国际企业而言，能招揽到来自各国应对挑战的年轻人才是令人高兴的事。在国际企业门户大开、降低门槛的时代，日本的招聘顾问敏夫一郎相信，只有优秀的人才积极地走向海外，才能拉动经济停滞的社会。

现在日本的学生中仍然存有这样的惯性行为和心态，他们认为比起挑战新事物获得分数，只要不失分就行了。由于漂洋过海需要承担风险，所以那些越想发展成为大公司的企业，就越应该在风险最大的部门配备最优秀的人才。对不想承担风险、没有表现能力和愿望的人，更适合他们的是固定的工作。

对于优秀的人才而言，压力越大的地方机会越大。如果人才惧怕危险，仅仅停留在国内，不走出国门，那社会就不会有发展。

为了塑造更好的自己，就应该变换自己的舞台。搬离生活的地方、变换职场虽然是个压力风险很大的选择，但是没有风险就没有机会。我们是时候超越国内招聘会的局限性，把眼光投向全球化就业市场了。

↓意大利米兰的时尚业

> 只要消除恐惧，能力就会得到更大的发挥。即便有失误，只要找到方法解决就行了。
>
> ——设计师李仁娜

但由于他们的专业很少能满足当地的就业需求，所以大部分韩国留学生都回到了国内，并投入到了激烈的就业竞争中。特别是理工科的学生，其中足足有73%的人计划回国找一份固定工作（2012年教育科学技术部发表）。虽然在国外学业有成的年轻人回到国内求职是一件值得高兴的事，但是有超过70%的人中途放弃了在国外应对挑战和积累经验的机会，这种状况也很令人担忧。

留学生不应该将国外辛苦积累的经验埋没在饱受职位不足所困扰的国内就业市场，相反他们有必要去挑战全球化的就业市场。在充满竞争和人才济济的全球化的就业市场中年轻人该具有什么样的资质呢？

韩国设计师李仁娜是经营儿童服装卖场的代表。在韩国大学毕业以后就直接来到意大利留学。在完成学业准备回国时，正好赶上IMF经济危机，她的命运就此改变。她感觉即便回到韩国也不会找到安稳的工作，反正无论怎样都是一条艰辛的路，倒不如在更大的舞台上拼搏，于是她留在了米兰。最初作为实习工，然后一步一个台阶地奋斗，最终机会来了。

"在这里，我开始作为设计师受到关注的时候，突然萌生了这样的疑问：许多学生花钱来到意大利学习，然后又回国，为什么没有一个人在意大利创造出自己的品牌呢？我于是产生了设计的想法，因此和韩国的企业一起合作在米兰上市了我们的品牌'酷你'。截止到目前，'酷你'已经入驻了17个国家的60多个高级百货商店和便利店。"

李仁娜奔跑在成功的跑道上并成为了米兰的新星，她因为自己的孩子又在儿童服装这个新领域开始奋斗。过了40岁才有了第一个孩子，随着成为妈妈，她开始观察以前没有看到过的世界。

"在米兰虽然有很多儿童服装店，但是实际上却都只是一些普通的品牌，所以我决定亲手设计。在设计的时候我坚决不看潮流，因为没有必要跟着潮流走。儿童服装中就蕴含着那种只属于我自己的设计理念。看，真的很漂亮吧？"

无论是谁，如果有孩子的话都想试试这漂亮的衣服。

"这是秋冬系列。把这里扣住的话会裹住脸，打开的话又会像魔法一样露出来。有意思吧？在整理孩子衣服的时候产生了很多以前没能够感受到的情感。这样的感情会给作为时尚设计师的我带来很多好的灵感。"

李仁娜对不回国内找工作的留学生给了这样的忠告：

"只要消除恐惧，能力就会得到更大的发挥。即便有失误，只要找到方法解决就行了。不要轻易陷入颓废状态，其实你们只是陷入了自己设定的'我能行'和'我不行'这样的模式中。只要打破这种模式，积极应对，就能成功。"

　　展现在我们面前的世界地图可能就是一张小小的纸而已，但是如果看的角度不同，这张小小的纸也可能成为蕴含无限可能性的职位路线图。比起担心怎样生存，倒不如朝着期待的方向去挑战。

↓策略五：为幸福而工作

B

Business for Happiness

　　"是否能成为墓地里最富有的人，对我而言无足轻重。重要的是当我晚上睡觉时，我可以说：我们今天完成了一些美妙的事。"不要为了钱去工作，在睡前自己可以自豪地说："今天我也做了能给世界带来变化的事情。"请以这样的动力去工作吧！

　　这是创造了世界顶级企业神话——苹果CEO史蒂夫·乔布斯所说过的话，对他来说工作不是单纯去挣钱，而是能给自己带来满足感和自豪感的事情。

　　只以金钱为目的去工作不会让人成长，反而会消磨人的生命。有句话说得好，小老百姓有小老百姓的忧虑，大地主有大地主的担忧——不管你多富有总是会有烦恼。

　　钱和幸福不是绝对成正比。那么我们是为了什么而工作呢？

↓韩国文化移民者的小小幸福

在韩国，一旦工作和生活发生冲突，大部分人会选择牺牲自己的理想生活去工作，而我只是选择了理想的生活。

——金世允

与过去只追求温饱的时代不同，现代社会人们不再仅仅满足于物质生活上的保障，正逐步意识到精神满足的重要性。

济州岛的文化移民者所创造的小小幸福跨越了海洋。看一下他们的工作和生活，我们会真实地感受到以幸福为动力而不是以钱为目的去工作的态度，它比想象更贴近我们的生活。

用艺术演奏生活的钢琴师

在济州岛外侧的善屹里村，本地人和外来人都不是太多，在这寂静的小村子里随时都会响起让人耳熟的旋律。在这个老人居多的乡村，从石头堆砌成的两层高的石屋世发咖啡店里，传来了古典、爵士等多种风格的旋律。这也是一位钢琴师的专用练习室。

开业不足两年的这家咖啡店，是来济州岛有10年的金世允居住和练琴用的房子，这里曾是仓库。亚洲最早获得音乐博士学位的日本爵士乐得主也来过此地欣赏演奏。来这地方的不都是游客或音乐爱好者，他们大多都是当地居民。当然了，不是所有的村民都喜欢爵士乐，那么这家咖啡店是怎样用音乐与村民相融合的呢？

"我不是因为想进入森林里独奏而来这里的，而是想和村民一起生活。所以每次准备演奏时我都会热情地邀请村民们。虽不能确定他们是不是真心喜欢音乐，但他们经常来捧场，为我鼓掌喝彩。"

在来济州岛之前，金世允已结束了留学，作为钢琴师活跃在首尔，每天都很忙碌。作为音乐家，放弃了拥有更大舞台和更多听众的都市生活，选择这样朴素的山村生活，他有自己的理由：

"结束留学生活来到这里时，我坚信即使不在首尔，我也能找到自己的舞台。一旦工作和生活发生冲突，大部分人会选择牺牲自己的理想生活去工作，而我只是选择了理想的生活。"

不能与生活相得益彰，让人疲惫、让心灵矛盾的工作，不是自己真正的工作。这样的工作总会使个人的幸福被压力消磨。金世允不去追求富贵名誉，而是决定在朴素的生活中培养属于自己的幸福，让自己每天都能在对明天的期待中入睡。

"此前我只是把演奏音乐当成工作，因为比起艺术家，我们距离生活更近，但来到这里后我对音乐有了不同的思考。音乐不是为自己，而是为了分享音乐，不就是艺术吗？创造新的文化，将我喜欢的音乐和这里的人们一起分享，这就是我真正的工作。我的生活。没必要计较事情的好坏，以后也想继续过这种将生活和艺术融为一体的生活。"

创造性未来的文化策划者

在世发咖啡店不仅有音乐演奏，还有着多种形式的沙龙。金善美小姐是这些活动的策划人和执行者，她6年前移居到济州岛，她说自己在首尔的职场生活中，突发奇想，想做自己喜欢的事，然后就来到了济州岛，再然后就见到了这家咖啡店，再再然后，也就是现在，她就住在咖啡店的正后方。

拥有两份工作的她，相较别人一天虽然很漫长，但看起来更有活力：早晨起床后打理田地和修剪草坪，中午12点开始到下午6点在咖啡店做经理人。此外的时间她会和村民一起骑脚踏车，散步或挖蕨菜。那么她作为文化策划人的工作时间究竟是什么时候呢？

"与村民们一起交流就是我的工作，只有走进人们的生活才能创造出他们真正需要的文化。我的文化创造不是什么伟大的事情，而是和村民们度过美好的每一天，能收获感动和快乐这样微小的事情。"

善美想为忙于农活中的人们制造幸福，哪怕那幸福只有一天。去年村里的庆典活动中的当地风景相片展，反响很不错。

"不必说孩子们了，就连老人们也通过相片聚在一起，讲着村子里的故事。那真是很欢乐的时光。像这样，让人们在细小的日常生活中也能感觉到幸福，这就是我的工作。"

展示活动结束后，她为了增加这个地区对外地人的吸引力想出了一个新主意：将照片制作成了明信片，与前来游玩的人分享，并开了一家店。最近她正苦思着在即将到来的村庆中开展怎样的文化活动。这样看的话，

文化策划人已经成为了她的工作而不再只是兴趣了，但这样的工作能有经济保障吗？兴趣和职业有着观念上的差异，只凭兴趣是否能够维持生活很重要，因而经济上的保障必不可少。

"不能完全不考虑经济上的因素，所以我为了能够自给自足也在努力着，种田就是出于这个目的。不为金钱也能收获有意义的人生，这也是我工作的价值。现实生活中作为文化策划人所挣的钱并不多，只是满足了我的精神需求而已。我也非常反感为了挣钱而扩大工作规模，能够和村子彼此相融的微小事情就足以让我感到幸福。"

善美认为对于在做和自己同样事情的年轻人来说，必须要抛弃那种为钱工作的目的，所以开了只有自己一人的企划公司"小角店"。

"像我们这样从事不稳定工作的人要维持生计确实不是很容易。所以为了能解决基本生活需求开了这家公司。要是仅为解决温饱的话，我就只做文化策划人。"

小角店的第一个项目是基金募集活动，为了给村子学校里的12个孩子的教育筹备基金，它在善屹里市场开设了一家店。它成功改善了孩子们的教育环境，同时也极大增加了善美作为文化策划人的收入。她的目标是以后通过这家店发掘多种项目活动，实现工作和自我满足间的平衡。她这种把自己喜欢的事情从兴趣提升到事业的努力，令人敬佩和感叹。

善美说自己作为文化策划人生活的同时也渐渐找到了自己该做的工作。那么对她来说该做的工作是什么呢？

"说实话，之前我认为自己的理想职业是能挣更多钱的工作，但现在不同了。所谓的职业，有必要是伟大的事情吗？无愧于心，付出努力得到

正当收入的工作，那就是我梦想中的职业。"

让你问心无愧的工作是什么呢？因为钱而被迫去做的工作和为了自己的幸福而想做的事情，哪个能为你带来更好的未来呢？

为了无愧于己，为了没有后悔的未来，每个人都有必要认真地询问自己这两个问题。在济州岛，像世允和善美一样的文化移民者的到来并不只是带来了工作岗位，他们带来的还有不是为了钱而是为了追求幸福去工作的理念，以及把只停留在想象中的梦想带到了现实生活的希望。

为了钱还是为了人生的幸福？在这困扰无数职场人一生的问题中，他们选择了做一名追求人生真性情的幸福工作者。

在这个老人居多的乡村，从石头堆砌成的两层高的
石屋世发咖啡店里，传来了古典、爵士等多种风格
的旋律。这是一位钢琴师的专用练习室，来此的顾
客可以在这里喝喝咖啡听听音乐。

因为他们不适合上一辈人所创造的职业标准和评价体系，所以就果敢地选择创造出属于自己的新的职业蓝图。他们是一群令人羡慕又令人惊奇的年轻人。

褐领，不是介于蓝领与白领之间，而是给予当代年轻人希望和梦想的Job Paradigm（工作方式）。就算工作有点费力，只要我自己喜欢，不管别人说什么，我也会很享受地工作。

在其他人选择过安定生活时，他们选择了冒险、挑战，选择了自己人生的幸福而不是丰厚的薪酬。不只是自己的幸福，他们更是选择了同样能给别人带去幸福的新新人类，这就是褐领阶层。就像酱汤面兼有原汤面的爽口和炸酱面的浓郁一样，介于白领和蓝领之间的褐领们，是懂得将自己的才艺和个性进行创造性结合的能者。

史蒂夫·乔布斯的"智能工作"

某段时间我们曾经都把苹果的史蒂夫·乔布斯当做偶像一般敬仰和崇拜，都热切地说应该唯乔布斯是从，但是我们好像忽略了乔布斯留下的最宝贵的财富。他不仅仅是创造了苹果这一极具突破性的商品从而获得巨大经济收益的天才企业家，他的伟大更在于他创造的苹果公司激发了无数使用者的想象力。

2011年在TED大会上一名12岁少年——托马斯·苏亚雷斯成为人们瞩目的焦点。托马斯是CarrotCorp公司的创始人，开发了Earth Fortune和Bustine Jiebier等极具人气的苹果应用软件。他说自己是因为想制造出苹果应用软件所以开始学习苹果，甚至还在学校成立苹果俱乐部以便分享技术经验并创造收益，还将收益捐赠给当地基金。苹果应用商店使12岁的托马斯·苏亚雷斯的想象力得以发挥和梦想得以实现。

为iPhone而开发的苹果应用系统已经超过了100万，现在开发量仍保持着每天200~600个。据说史蒂夫·乔布斯在世时，在苹果总公司召开的苹果开发商会议中聚集了全世界超过5000名的开发商，更让人惊讶的是苹果凭此所创造的经济价值。苹果商店开业以后，苹果开发商们的收入超过900亿美元，每秒就能有800项成功交易。最近，安卓公司和苹果公司为了抢占广阔的市场正在展开激烈的竞争。据我所知，韩国大约有9万个苹果开发商，1200家智能信息公司，这些企业创造的经济收益非常可观。史蒂夫·乔布斯所研制的用一只手掌就能托起的小巧iPhone，创造出了数十万乃至数百万名企业家。像他的名字Jobs一样，他也巧妙地创造出了数以万计的工作岗位。

然而，让人心痛的现实是年轻人都在埋怨没有工作。现在终于到了一个需要做出改变的时间点：与其把生活寄托在终究会消失的职业中，还不如把心思用在创造新的职业上。只靠通过艰难考试而在大企业中成功就职的人们很难看到他们的未来。我们不是要给社会底层的人们提供他们不喜欢的工作，而是应当给他们提供能发现自己价值的工作。本书中所提到的褐领阶层和微创阶层就是这样的例子。但令人遗憾的是，因为职业上的偏见，名牌大学的情结和出身主义的旧习，导致很多新的职业在成形之前就已夭折。

在现实面前筹划你的未来

我通过这本书要向正计划着自己人生未来的年轻人提点忠告，也想对现在辛苦考上大学就已经开始苦恼从事哪种职业的学生说几点建议。不要把人生荒废在曾经的热门工作或是别人喜欢的工作上，要创造自己渴望真正进取的事业。就像在第二部分MY JOB中提到的关键点一样：要有广阔的世界眼光，搜集社会变化的相关信息，与社会同步，用活到老学到老的心态打造自己的企业品牌。只有从那时开始你才是为了追求幸福而工作的人，而不是迫于生计。

放弃了海外知名金融公司的职位，在钟路拉着自己人力车的李仁宰就是抱着这样想法的人。我坐上了人力车后，他看着我的眼睛这样说道："有一点想对您说明。我是因为喜欢才干这个的，所以即使出现崎岖小路，也希望您不要说什么车夫是多么辛苦的话，就舒舒服服地坐着欣赏周围的风景吧！"他一边用力拉着车，一边抬头向见到的人们大声打招呼说"你好"。国内国外的游客们都觉得新奇而纷纷拍照，见到面熟的小区老人们，他会挥手微笑示意。

李仁宰说他之前去菲律宾旅行，有过一次用木筏划到瀑布的经历，船夫们不停地用韩语对他说"累死了""肚子饿了"之类的话，以求游客体谅他们的辛苦，在结束的时候多给他点小费。

因为喜欢而有着明朗笑容的李仁宰，与愁眉苦脸地抱怨着"累死了"的船夫们在我的脑海中循环交替，有什么不同呢？

"累死了"和"你好"之间的差异是热情、自豪和企业家精神。李仁宰以后想把人力车生意扩展到韩国的所有观光地区乃至世界名胜古迹，为此他建立了人力车网站和注册了FACEBOOK，他还计划在人力车所经地区用韩语和英语讲故事。你见过在中国北京什刹海附近那数不胜数的人力车夫吗，还有日本的浅草和汤布院等等，事实上人力车可以发展成很大规模的生意。纽约的人力车观光项目的收入可多达每人400美元，如果把它与周围的观光地、商店和旅馆等相结合的话能产生巨大的经济效益。我认为李仁宰凭借他的热情和创意在不久的未来必定会成功，也许那会是当初在金融机构工作所想象不到的充实和富足。

当然，李仁宰的人力车事业不可能一帆风顺，但有一点毋庸置疑，人生就是接连不断地挑战，不挑战的话就不能获得成功，为了成功必须比别人更有勇气，更有热情。

工作+工作+工作=人生

我们一生做多少工作呢？从21岁到65岁为止，每周平均工作40小时的话，工作时间大约会有91250个小时。按我们能活到78岁来算的话，工作时间将占一生时间的22.4%。去掉吃饭睡觉的时间，我们的一生几乎全部都是在工作。这个计算方法是美国人提出的，在劳动时间比他们长的韩国，估计比例会更高。所以，我们一辈子最多的时间，最重要的时期都是在工作中度过的，从这个层面来讲，说人的工作能决定生命的意义也不为过。

"工作背后的事情不是工作，而是人生。"

工作不存在于我们的人生之外，而是我们人生的一个构成要素——并不是在一天工作之后筋疲力尽地回到家才开始自己真正的人生。从这个层面看，我们说的"人生与工作之间的平衡"是错误的，正确的说法应该是"为了人生而寻求工作的平衡"。工作能左右我们的人生，它在人的生命中扮演着关键角色。当没有工作或工作消失的时候，我们就失去了人生的方向而四处彷徨。工作不仅仅是生存的手段和方式，我们所见到的世界各国青年人正在用实践证明这个道理：不热爱自己的工作就不会有自我的成长和成功。

虽然他们很热爱工作并且对工作投入了全部的热情，但他们不是毫无节制的工作狂。他们知道怎样避免工作与自己人生的矛盾——热爱人生的全部，绝不去做不适合自己的工作，顺从天性去追求梦想和幸福。

想再次对读这本书的年轻人说一句："没有真正属于自己的工作就没有自己的人生。"

这是一个艰难的时代，拥有真正属于自己的工作并非易事。但是年轻人不需要理会这些困难，用尽全力战胜时代的挑战吧！不要再认为当下的热门职业就是自己的工作，而是要找到让自己幸福的工作，这是青春赋予我们的使命。

在以后的某一天，当这本书再版的时候，希望那时各位都已经找到了自己的工作，成为将自己的工作发展成潮流的先驱模范和引导者。

年轻人，找到真正属于自己的工作，拥有自己未来的生活吧！

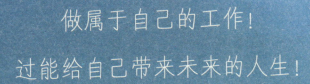

做属于自己的工作！

过能给自己带来未来的人生！